全国机械行业职业教育优质规划教材（高职高专）
经全国机械职业教育教学指导委员会审定
高职高专智能制造领域人才培养系列教材
工业机器人技术专业

工业机器人系统集成与应用

主　编　林燕文　魏志丽
参　编　陈南江　李　峰　李　兵
主　审　陈小艳

机械工业出版社
CHINA MACHINE PRESS

本书以工业机器人典型的电弧焊、点焊、去毛刺、数控加工、自动装配、搬运码垛等应用系统为出发点，从工业机器人系统集成基础知识出发，详细介绍了每种工作站系统的组成、工业机器人的选型、外围系统硬件和软件的构建、机器人与外围系统的接口技术等典型应用，学生可在实际操作中学会机器人工作站系统的集成与应用技能。全书共五章，从工业机器人系统认识到典型工作站应用，内容安排由浅入深，循序渐进。典型工作站应用基于工作过程，从任务分析和方案设计，到工业机器人工作站的安装与调试，注重学生职业能力、职业素养和团队协作等综合素质的培养。

本书采用双色印刷，既可作为高等职业院校工业机器人技术、电气自动化技术及机电一体化技术等专业的教材，也可作为企业的培训用书，还可作为高职院校机电类专业学生的实践选修课教材，同时可供从事工业机器人系统开发的工程技术人员参考。

本书配有电子课件，凡使用本书作为教材的教师可登录机械工业出版社教育服务网www.cmpedu.com注册后下载。咨询邮箱：cmpgaozhi@sina.com。咨询电话：010-88379375。

图书在版编目（CIP）数据

工业机器人系统集成与应用 / 林燕文，魏志丽主编 . — 北京：机械工业出版社，2017.12（2025.1 重印）

全国机械行业职业教育优质规划教材 . 高职高专　经全国机械职业教育教学指导委员会审定　高职高专智能制造领域人才培养系列教材 . 工业机器人技术专业

ISBN 978-7-111-58718-7

Ⅰ . ①工…　Ⅱ . ①林…　②魏…　Ⅲ . ①工业机器人 – 高等职业教育 – 教材　Ⅳ . ① TP242.2

中国版本图书馆 CIP 数据核字 (2017) 第 306945 号

机械工业出版社（北京市百万庄大街 22 号　邮政编码 100037）

策划编辑：薛　礼　责任编辑：薛　礼

责任校对：王　延　封面设计：鞠　杨

责任印制：常天培

唐山三艺印务有限公司印刷

2025 年 1 月第 1 版第 8 次印刷

184mm × 260mm · 10 印张 · 205 千字

标准书号：ISBN 978-7-111-58718-7

定价：35.00 元

电话服务	网络服务
客服电话：010-88361066	机　工　官　网：www.cmpbook.com
010-88379833	机　工　官　博：weibo.com/cmp1952
010-68326294	金　　书　　网：www.golden-book.com
封底无防伪标均为盗版	机工教育服务网：www.cmpedu.com

高职高专智能制造领域人才培养系列教材
编审委员会

出版说明

《中国制造2025》是我国实施制造强国战略第一个十年的行动纲领。“要实施《中国制造2025》，坚持创新驱动、智能转型、强化基础、绿色发展，加快从制造大国转向制造强国。”中国制造业转型升级上升为国家战略。

智能制造是《中国制造2025》的核心和主攻方向，工业机器人是重要的智能制造装备。《中国制造2025》提出将“高档数控机床和机器人”作为大力推动的重点领域，并在重点领域技术创新路线图中明确了我国未来十年机器人产业的发展重点。工业机器人技术及应用迎来了重要的战略发展机遇期。

为了更好地适应机械工业转型升级的要求，促进高职高专院校工业机器人技术专业建设及相关传统专业的升级改造，满足制造业转型升级大背景下企业对技术技能人才的需求，为《中国制造2025》提供强有力的人才支撑，机械工业出版社在全国机械职业教育教学指导委员会的指导下，组织国内多所高等职业院校和相关企业进行了充分的市场调研，根据学生就业岗位职业能力要求，明确了学生应掌握的基本知识及应具备的基本技能，构建了科学合理的课程体系，制订了课程标准，确定了每门课程教材的框架内容，进而编写了本套智能制造领域人才培养规划教材。

本套教材可分为专业基础课程教材和专业核心课程教材两大类。专业基础课程教材专注于基础知识的介绍，同时兼顾与专业知识和实践环节有机结合，为学生后续学习专业核心课程打下坚实的基础。专业核心课程教材主要针对在高职高专院校使用较广的ABB、KUKA等品牌的机器人设备，涵盖了工业机器人系统安装调试与维护、现场编程、离线编程与仿真、系统集成与应用等，符合专科层次工业机器人技术专业学生职业技能的培养要求；内容以“必需、够用”为度，突出应用性和实践性，难度适宜，深入浅出；着力体现工业机器人的具体应用，操作步骤翔实，图文并茂，易学易懂；编者大多为工业机器人技术专业（方向）教师及企业技术人员，有着丰富的教学或实践经验，并在书中融入了大量来源于教学实践和生产一线的实例、素材，有力地保障了教材的编写质量。

本套教材采用双色印刷，版式轻松活泼，可以使读者获得良好的阅读体验。本套教材还配有丰富的立体化教学资源，包括PPT课件、电子教案、习题解答、实操视频以及多套工业机器人技术专业人才培养方案，可为教师进行专业建设、课程开发与教学实施等提供有益的帮助。本套教材适合作为高职高专院校工业机器人技术、机械制造与自动化、电气自动化技术、机电一体化技术等专业的教材及学生自学用书，亦可供相关工程技术人员参考。

本套教材在调研、组稿、编写和审稿过程中，得到了全国机械职业教育教学指导委员会、多所高职院校及相关企业的大力支持，在此一并表示衷心的感谢！

机械工业出版社

前言 PREFACE

自20世纪60年代初第一台工业机器人问世到现在50多年的时间里，工业机器人技术和周边配套应用技术得到了迅速发展，工业机器人系统在自动化、智能化、定制化生产制造领域得到了广泛应用。随着用工成本提高、制造业转型升级的迫切需求，工业机器人已经不再局限于汽车生产这一单一领域，而是快速面向3C装配、定制化生产、个体作坊等领域，随之而来的发展瓶颈不再是工业机器人技术，而是与其匹配的专业人才的严重缺乏。按照工业和信息化部关于工业机器人的发展规划，到2020年，国内工业机器人装机量将达到100万台，需要至少20万与工业机器人应用相关的从业人员，并且将以每年20%~30%的速度持续递增。所以，对于职业院校，建设工业机器人技术专业，培养工业机器人技术专业人才是非常必要和急需的。

工业机器人技术是机电技术集大成者，包含了机械设计、机构优化、运动控制、编程仿真、电气控制、通信联调等各种应用技术。本书中介绍的应用案例均取材于企业生产实践，再整合转化为职业院校教学内容。本书由广东松山职业技术学院、青岛职业技术学院、北京市工业技师学院等校企联合开发编写。广东松山职业技术学院魏志丽和林燕文担任本书主编，常州机电职业技术学院陈小艳对全书进行了审阅。参加本书编写的有魏志丽（第1章、第4章、第5章5.1和5.6节）、林燕文（第2章、第3章、第5章5.3节）、陈南江（第5章5.2节）、青岛职业技术学院李峰（第5章5.4节）、北京市工业技师学院李兵（第5章5.5节）。在本书的编写过程中，编者参阅了国内外相关资料，在此一并向相关作者表示衷心的感谢！

由于编者水平有限，书中错误和遗漏之处在所难免，恳请读者批评指正。

编　者

目录 CONTENTS

第1章 CHAPTER 1 工业机器人工作站系统

【学习目标】

1. 熟悉工业机器人工作站系统的构成与特点。
2. 熟悉工业机器人末端执行器的类型及原理。
3. 熟悉工业机器人工作站外围设备的作用。

1.1 工业机器人工作站系统的构成及特点

工业机器人工作站系统是指使用一台或多台机器人，配以相应的周边设备，用于完成某一特定工序作业的独立生产系统，也称为机器人工作单元。它主要由工业机器人系统、机器人末端执行器、外围配套系统、控制系统等部分组成。根据工作站实际作用的不同，机器人末端执行器和外围配套系统也不尽相同。例如，焊接机器人工作站的外围系统包括焊枪、焊机、变位机和清枪机构等，如图 1-1 所示；搬运机器人工作站的外围系统包括真空吸盘、货盘架和输送料装置等。

图1-1　焊接机器人工作站

工业机器人工作站系统的主要特点如下：

（1）技术先进　工业机器人集精密化、柔性化、智能化等先进制造技术于一体，通过对过程实施检测、控制、优化、调度、管理和决策，实现增加产量、提高质量、降低成本、减少资源消耗与环境污染的目的，是工业自动化水平的最高体现。

（2）方便技术升级　工业机器人与自动化成套装备具备精细制造、精细加工以及柔性生产等技术特点，是继动力机械、计算机之后，全面延伸人的体力和智力的新一代生产工具，是实现现代生产数字化、自动化、网络化以及智能化的重要手段。

（3）应用领域广泛　工业机器人与自动化成套装备是生产过程的关键设备，可用于制造、安装、检测、物流等环节，并广泛应用于汽车整车及汽车零部件、工程机械、轨道交通、低压电器、电力、IC 装备、军工、烟草、金融、医药、冶金及印刷出版等众多行业，应用领域非常广泛。

（4）技术综合性强　工业机器人与自动化成套技术集中并融合了多门学科，涉及多种技术领域，包括工业机器人控制技术、机器人动力学及仿真、机器人构建有限元分析、激光加工技术、模块化程序设计、智能测量、建模加工一体化、工厂自动化以及精细物流等先进制造技术，技术综合性强。

1.2　工业机器人末端执行器的类型及工作原理

工业机器人末端执行器是机器人直接用于抓取和握紧（或吸附）工件或夹持专用工具（如喷枪、扳手、焊接工具）进行操作的部件。它具有模仿人手动作的功能，并安装于机器人手臂的前端。工业机器人末端执行器大致可分为以下几类：

1）夹钳式取料手。

2）吸附式取料手。

3）专用末端操作器及换接器。

4）多指仿生灵巧手。

1.2.1　夹钳式取料手

1. 手部的组成

夹钳式取料手由手指（手爪）和驱动机构、传动机构以及连接与支承元件组成，如图 1-2 所示。通过手指的开合动作实现对工件的夹持。

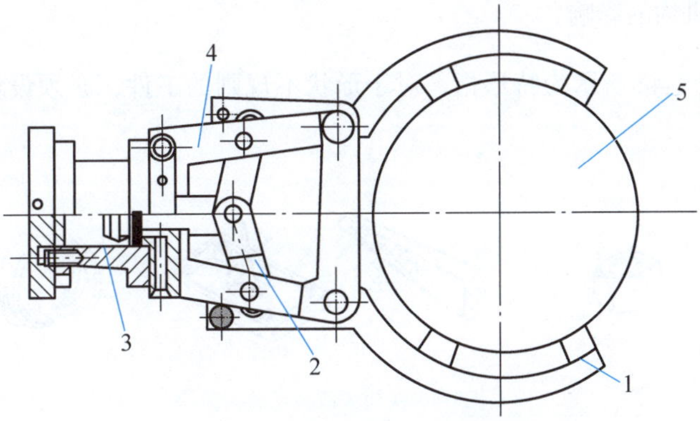

图1-2　夹钳式取料手的结构示意图

1—手指　2—传动机构　3—驱动装置　4—支架　5—工件

（1）手指　手指是直接与工件接触的部件，手部松开和夹紧工件就是通过手指的张开与闭合实现的。工业机器人的手部一般有两个手指，也可以有三个或多个手指，其结构形式取决于被夹持工件的形状和特性。

1）指端形状。指端是手指上直接与工件接触的部位，其结构形状取决于工件形状。常见的指端形状如下：

① V 形指。图 1-3a 所示为固定 V 形指，它适用于夹持圆柱形工件。其特点是夹紧平稳可靠，夹持误差小。用两个滚柱代替 V 形体的两个工作面为滚柱 V 形指，如图 1-3b 所示，它能快速夹持旋转中的圆柱体。图 1-3c 所示为可浮动的 V 形指，它有自定位能力，与工件接触好，但浮动件是机构中的不稳定因素。在夹紧时和运动中会受到外力，必须有固定支承，或者设计成可自锁的浮动件。

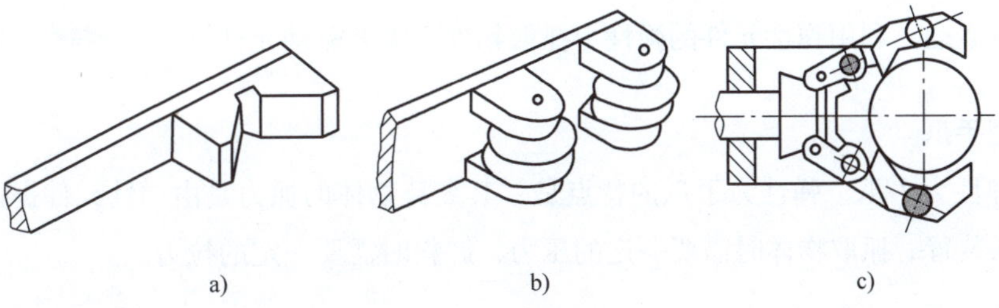

图1-3　V形指端形状

a）固定 V 形指　b）滚柱 V 形指　c）可浮动的 V 形指

② 平面指。图 1-4a 所示为平面指，一般用于夹持方形工件（具有两个平行平面）、板形或细小棒料。

③ 尖指和薄、长指。图 1-4b 所示为尖指，一般用于夹持小型或柔性工件；薄指用于夹持位于狭窄工作场地的细小工件，以避免与周围障碍物碰撞；长指用于夹持炽热的工件，以避免

热辐射对手部传动机构的影响。

④ 特形指。图 1-4c 所示为特形指，对于形状不规则的工件，必须设计出与工件形状相适应的专用特形手指。

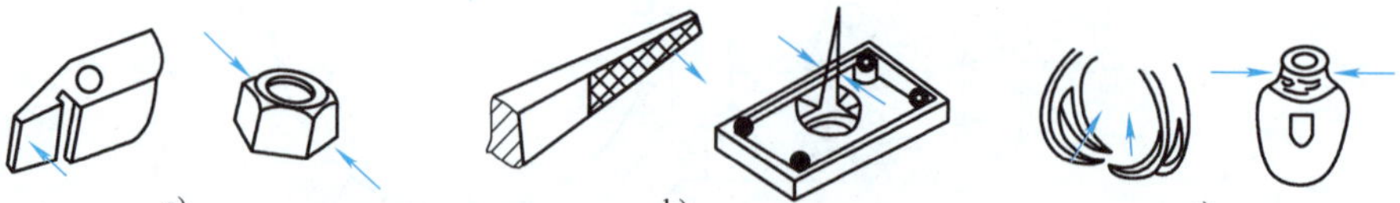

图1-4 夹钳式取料手的指端

a）平面指 b）尖指 c）特形指

2）指面形式。根据工件形状、大小及被夹持部位的材质、软硬、表面性质等的不同，手指指面有以下几种形式：

① 光滑指面。这种指面平整光滑，用来夹持工件的已加工表面，避免已加工表面受损伤。

② 齿形指面。这种指面刻有齿纹，可增加与被夹持工件间的摩擦力，以确保夹紧牢靠，多用来夹持表面粗糙的毛坯或半成品。

③ 柔性指面。这种指面镶衬橡胶、泡沫、石棉等物，有增加摩擦力、保护工件表面、隔热等作用，一般用于夹持已加工表面、炽热件，也适于夹持薄壁件和脆性工件。

（2）传动机构 它是向手指传递运动和动力，以实现夹紧和松开动作的机构。该机构根据手指开合的动作特点分为回转型和移动型。回转型又分为一支点回转和多支点回转。根据手爪夹紧是摆动还是平动，又可分为摆动回转型和平动回转型。

（3）驱动装置 它是向传动机构提供动力的装置。按驱动方式不同，可分为液动、气动、电动和机械驱动。利用弹性元件的弹性力抓取物件不需要驱动元件。

2. 典型手爪

（1）弹性力手爪 弹性力手爪的特点是：其夹持物体的抓力是由弹性元件提供的，不需要专门的驱动装置。抓取物体时需要一定的压力，卸料时需要一定的拉力。

图 1-5 所示为三种弹性力手爪的结构，图 1-5a 所示的手爪有一个固定爪，另一个活动爪靠压簧提供抓力，活动爪绕轴回转，空手时其回转角度由限位平面限制。抓物时活动爪在推力作用下张开，靠爪上的凹槽和弹性力抓取物体；卸料时需固定物体的侧面，手爪用力拔出即可。图 1-5b 所示为用两块板弹簧做成的手爪。图 1-5c 所示为用四块板弹簧做成的内卡式手爪，可用于抓取线圈。

（2）摆动式手爪 摆动式手爪的特点是：手爪在开合过程中是绕固定轴摆动的，其结构简单，应用范围较广，适用于圆柱表面物体的抓取。图 1-6 所示为齿轮齿条摆动式手爪，推拉杆端部两侧有齿条，与固定于手爪上的齿轮啮合，齿条的上下移动带动两个手爪绕着各自的转轴摆动。

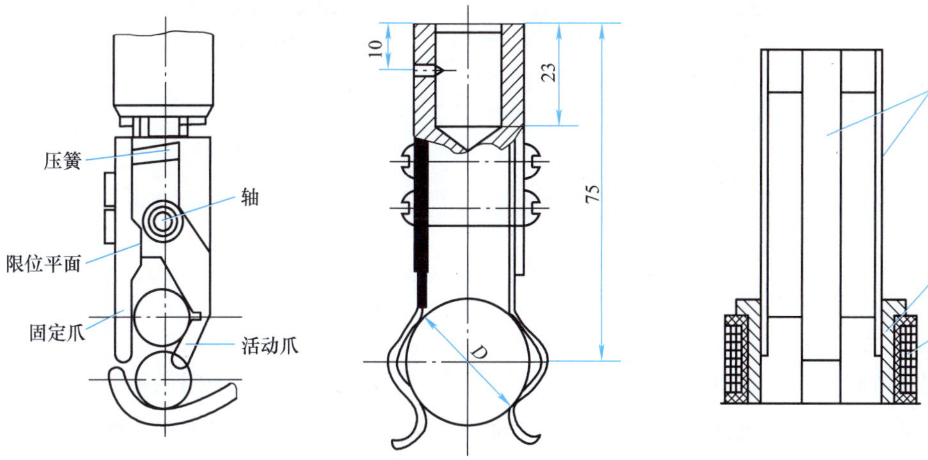

a) b) c)

图1-5 弹性力手爪示意图

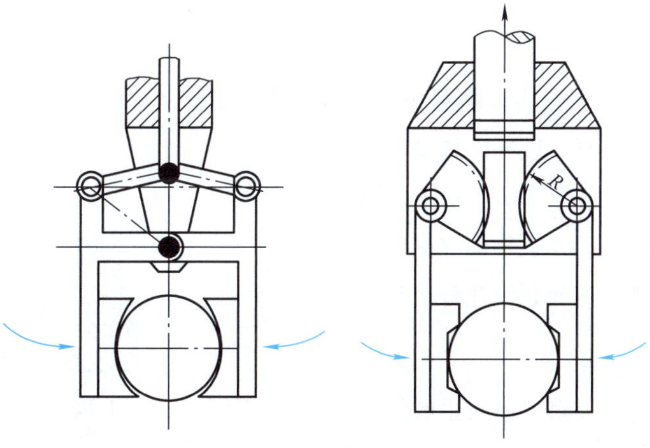

图1-6 齿轮齿条摆动式手爪示意图

（3）平动式手爪 平动式手爪的特点是：手爪在开合过程中是平动的，有圆弧式平动和直线式平动之分。平动式手爪适用于夹持面是两个平行平面的物体。图 1-7 所示为连杆圆弧平动式手爪的结构原理示意图。它采用平行四边形平动机构，手爪在开合过程中保持方向不变，做平行开合运动，而手爪上任一点的运动轨迹为一段圆弧。这种手爪在夹持物体的瞬时对物体表面有一个切向分力。

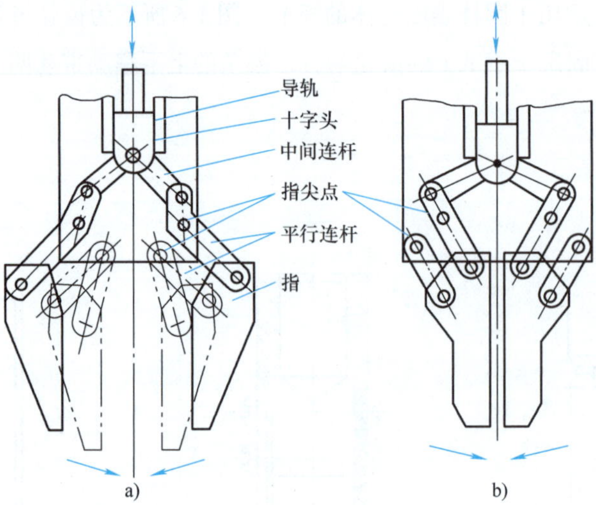

图1-7　连杆圆弧平动式手爪的结构原理示意图

1.2.2　吸附式取料手

吸附式取料手靠吸附力取料，根据吸附力的不同分为气吸附和磁吸附两种。吸附式取料手适用于大平面（单面接触无法抓取）、易碎（玻璃、磁盘）、微小（不易抓取）的物体，因此应用范围较广。

1. 气吸附式取料手

气吸附式取料手是利用吸盘内的压力和大气压之间的压力差工作的。按形成压力差的方法不同，可分为真空吸附式、气流负压吸附式和挤压排气负压吸附式。

气吸附式取料手与夹钳式取料手相比，具有结构简单、重量轻、吸附力分布均匀等优点，对于薄片状物体（如板材、纸张、玻璃等）的搬运更具有优越性，广泛用于吸附非金属材料或不可有剩磁的材料。但要求物体表面较为平整光滑，无孔无凹槽。下面介绍几种气吸附式取料手的结构原理。

图 1-8 所示为真空吸附式取料手的结构原理示意图。它利用真空泵产生真空，真空度较高。主要零件有碟形橡胶吸盘 1，通过固定环 2 安装在支承杆 4 上，支承杆由螺母 6 固定在基板 5 上。取料时，碟形橡胶吸盘与物体表面接触，橡胶吸盘在边缘既起密封作用，又起缓冲作用，然后真空抽气，在吸盘内腔形成真空，进行吸附取料。放料时，管路与大气接

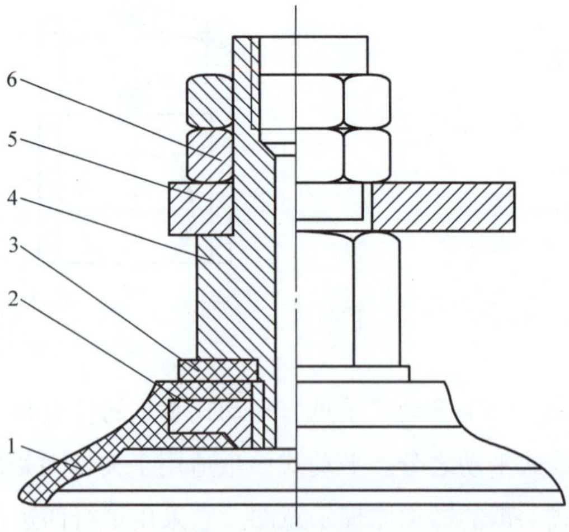

图1-8　真空吸附式取料手的结构原理示意图

1—碟形橡胶吸盘　2—固定环　3—垫片
4—支承杆　5—基板　6—螺母

通，失去真空，物体被放下。

为避免在取放料时产生撞击，有时还在支承杆上配置弹簧缓冲。为了更好地适应物体吸附面的倾斜状况，有时在橡胶吸盘背面设计有球铰，如图 1-9 所示。真空吸附式取料手有时还用于微小无法抓取的零件，如图 1-10 所示。

真空吸附式取料手工作可靠，吸附力大，但需要有真空系统，成本较高。

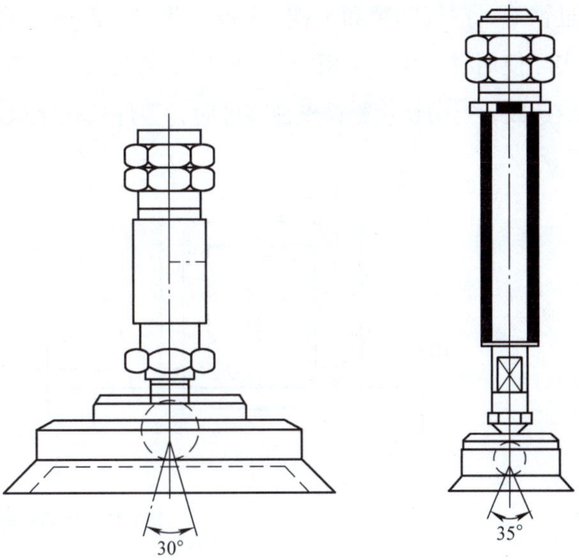

图1-9　带有球铰的真空吸附式取料手示意图

气流负压吸附式取料手的结构示意图如图 1-11 所示，利用流体力学的原理，当需要取物，压缩空气高速流经喷嘴，其出口处的气压低于吸盘腔内的气压，于是腔内的气体被高速气流带走而形成负压，完成取物动作；当需要释放时，切断压缩空气即可。这种取料手需要的压缩空气可以较容易地从工厂里获得，故成本较低。

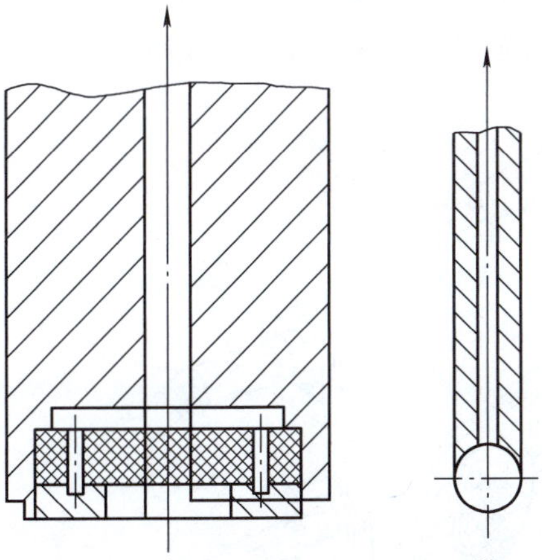

图1-10　用于微小零件的真空吸附式取料手示意图

a）垫圈取料手　b）钢球取料手

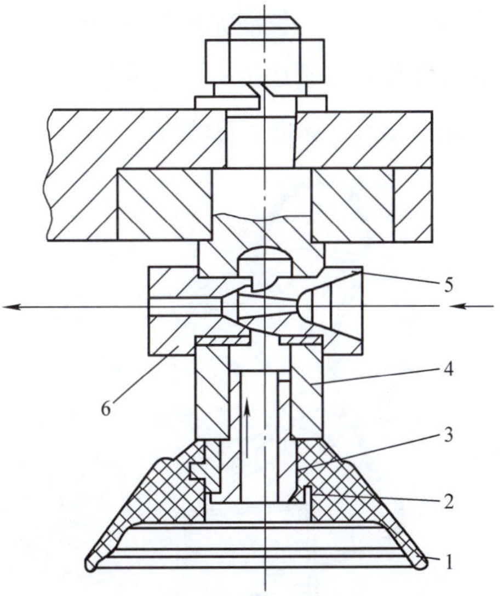

图1-11　气流负压吸附式取料手的结构原理示意图

1—橡胶吸盘　2—心套　3—通气螺钉　4—支承杆　5—喷嘴　6—喷嘴套

2. 磁吸附式取料手

磁吸附式取料手是利用电磁铁通电后产生的电磁吸力取料，因此只能对铁磁物体起作用；另外，对某些不允许有剩磁的零件要禁止使用。所以，磁吸附式取料手的应用范围有一定的局限性。

电磁铁的工作原理如图 1-12a 所示，当线圈 1 通电后，在铁心 2 内外产生磁场，磁力线经过铁心、空气间隙和衔铁 3（被磁化）并形成回路。衔铁受到电磁吸力 F 的作用被牢牢吸住。实际使用时，往往采用图 1-12b 所示的盘式电磁铁，衔铁是固定的，衔铁内用隔磁材料将磁力线切断，当衔铁接触铁磁性零件时，零件被磁化形成磁力线回路，并受到电磁吸力而被吸住。

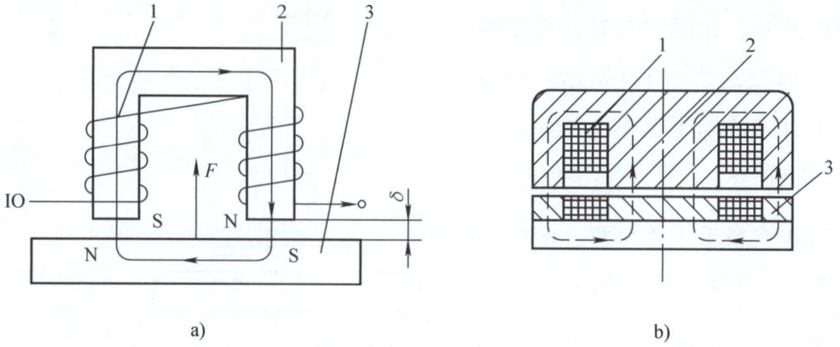

图1-12　电磁铁的工作原理

1—线圈　2—铁心　3—衔铁

1.2.3　专用末端操作器及换接器

1. 专用末端操作器

工业机器人是一种通用性很强的自动化设备，可根据作业要求完成各种动作，再配上各种专用的末端操作器后，就能完成各种操作。如在通用机器人上安装焊枪，就成为一台焊接机器人；安装拧螺母机，则成为一台装配机器人。目前有许多由专用电动、气动工具改型而成的操作器，如拧螺母机、焊枪、电磨头、电铣头、抛光头、激光切割机等，如图 1-13 所示。

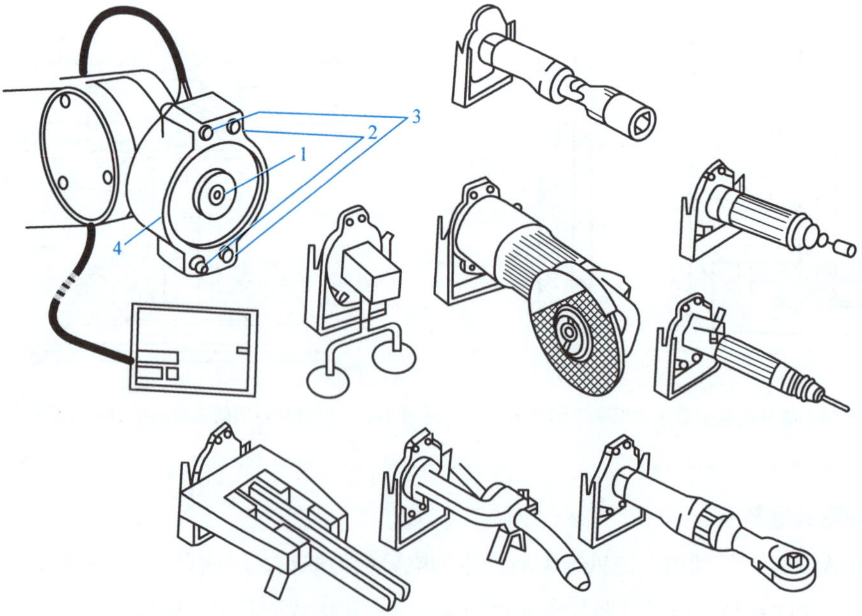

图1-13　各种专用末端操作器和电磁吸盘式换接器

1—气路接口　2—定位销　3—电插头　4—电磁吸盘

2. 换接器或自动手爪更换装置

一台通用机器人要在作业时能自动更换不同的末端操作器，这就需要配置具有快速装卸功能的换接器。换接器由两部分组成：换接器插座和换接器插头，分别装在机器腕部和末端操作器上，能够实现机器人对末端操作器的快速自动更换。

具体实施时，各种末端操作器存放在工具架上，组成一个专用末端操作器库，如图 1-14 所示，机器人能根据作业要求自行从工具架上换接上相应的专用末端操作器。

对专用末端操作器换接器的要求主要有：①同时具备气源、电源及信号的快速联通与切换功能；②能承受末端操作器的工作载荷；③在失电、失气情况下，机器人停止工作时不会自行脱离；④具有一定的换接精度。

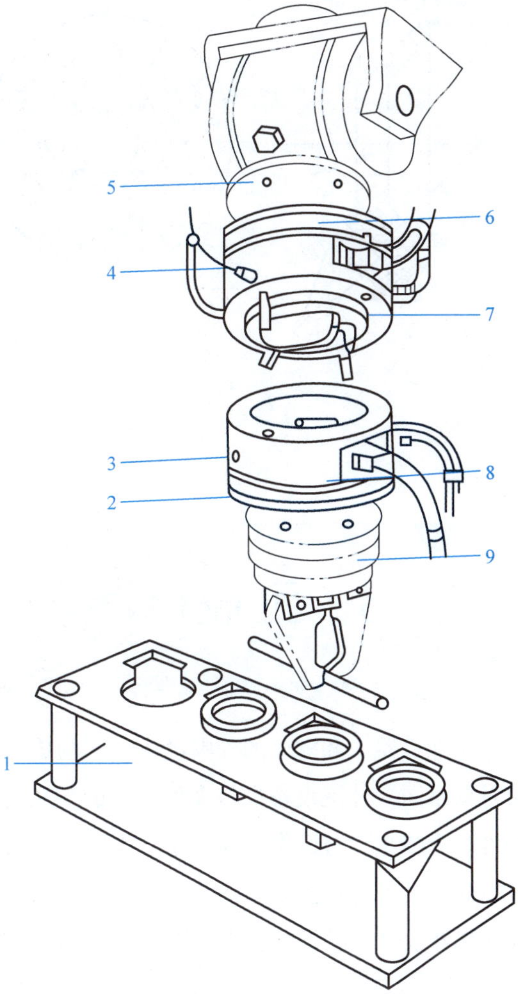

图1-14 气动换接器与专用末端操作器库

1—末端操作器库 2—操作器过渡法兰 3—位置指示灯 4—换接器气路 5—连接法兰 6—过渡法兰 7—换接器 8—换接器配合端 9—末端操作器

3. 多工位换接装置

某些工业机器人的作业任务相对较为集中，需要换接一定量的末端操作器，但又不必配备数量较多的末端操作器库，这种情况下可以在机器人手腕上设置一个多工位换接装置。例如，在机器人柔性装配线的某个工位上，要依次装配垫圈、螺钉等几种零件，采用多工位换接装置，可以从几个供料位处依次抓取几种零件，然后逐个进行装配，既可以不使用专用机器人，也可以避免通用机器人频繁换接操作器，还可以节省装配作业时间。

多工位换接装置如图 1-15 所示，有棱锥型和棱柱型两种形式。棱锥型换接装置可以保证手爪轴线和手腕轴线一致，受力较合理，但其传动机构较为复杂；棱柱型换接装置传动机构较为简单，但其手爪轴线和手腕轴线不能保持一致，会造成受力不良。

1.2.4 多指仿生灵巧手

多指仿生灵巧手是一种集机构、驱动、传感和控制为一体的机器人系统，具有通用性强、感知能力丰富、操作灵活等优点，可以在日常或极限环境下代替人手执行多种操作。

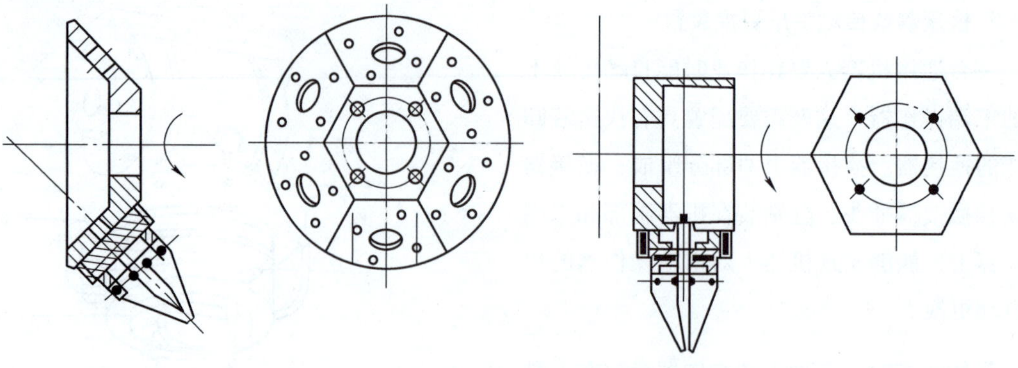

a)　　b)

图1-15　多工位换接装置示意图

a）棱锥型　b）棱柱型

1.3　工业机器人工作站外围设备

工业机器人和配套的外围设备一起构成了能够让手工操作实现自动化的工作站。由于生产的对象不同，外围设备也是多种多样的。从表 1-1 可以看出，工业机器人工作站的作业内容大致可分为装卸、搬运作业和喷涂、焊接作业两种基本类型。当工业机器人进行作业时，喷涂设备、焊接设备等作业装置都是很重要的外围设备。这些作业装置一般都用于手工操作，当用于工业机器人时，需要对这些装备进行必要的改造。

表 1-1　工业机器人工作站的作业内容和外围设备种类

类　型	作业内容	主要外围设备
装卸、搬运作业	压力机上的装卸作业	传送带、滑槽、供料装置、送料器、提升装置、定位装置、取件装置、真空装置、修边压力装置
	切削加工的装卸作业	传送带、上下料装置、定位装置、反转装置、随行夹具
	压铸加工的装卸作业	浇注装置、冷却装置、修边压力机、脱模剂喷涂装置、工件检测装置
喷涂、焊接作业	喷涂作业	传送带、工件探测装置、喷涂装置、喷枪
	电阻点焊作业	焊接电源、时间继电器、次级电缆、焊枪、异常电流检测装置、工具修整装置、焊透性检验设备、车型判别设备、焊接夹具、传送带、夹紧装置
	电弧焊作业	电弧焊装置、焊丝进给装置、焊炬、气体检测装置、焊丝检测装置、焊炬修整装置、焊接夹具、位置控制器

第2章 CHAPTER 2 工业机器人的分类及选择

【学习目标】

1. 熟悉工业机器人的分类。
2. 熟悉工业机器人的技术参数。
3. 掌握工业机器人的选择依据。

2.1 工业机器人的分类

对于工业机器人如何分类，国际上没有制定统一的标准，可以按载重量、控制方式、自由度、结构和应用领域分。工业机器人的一般分类见表 2-1。

表 2-1 工业机器人的一般分类

类别	说明
操作型机器人	能自动控制，可重复编程，功能多，有多个自由度，可固定或运动，用于相关自动化系统中
程控型机器人	按预先要求的顺序及条件，依次控制机器人的机械动作
示教再现型机器人	通过引导或其他方式，先教会机器人动作，输入工作程序，机器人则自动重复进行作业
数控型机器人	不必使机器人动作，通过数值、语言等对机器人进行示教，机器人根据示教后的信息进行作业
感觉控制型机器人	利用传感器获取的信息控制机器人的动作
适应控制型机器人	机器人能适应环境的变化，控制其自身的行动
学习控制型机器人	机器人能“体会”工作的经验，具有一定的学习功能，并将所“学”的经验用于工作中
智能型机器人	以人工智能决定其行动的机器人

本章按照下列三种方法对机器人进行分类：

1）按机械结构（坐标形式）分类。

2）按控制方法（关节或轴）分类。

3）按用途分类。

2.1.1 按机械结构（坐标形式）分类

虽然工业机器人的结构差异很大，但所有机器人均能将一个部件移动到空间的某一点。机器人的主要运动轴一般有1~3个自由度，由结实耐用的关节（多半紧靠基座部位）构成。大部分机器人按这些关节所用的坐标系分为五类，即柱坐标系机器人、球坐标系机器人、笛卡儿坐标系机器人、关节机器人和并联机器人。

1. 柱坐标系机器人

当水平臂或杆架安装在一个垂直柱上，而该柱又安装在一个旋转基座上时，这种结构可称为柱坐标系机器人，如图2-1所示。其特点如下：

1）手臂可伸缩（沿 r 方向）。

2）滑动架（托板）可沿垂直柱上下移动（z 轴方向）。

3）水平臂和滑动架组合件可作为基座上的一个整体而旋转（绕 z 轴）。

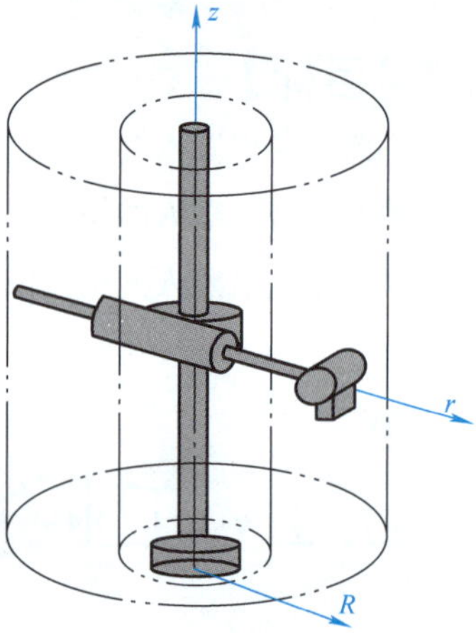

图2-1 柱坐标系机器人

一般旋转不允许超过360°，因为要考虑液压、电气、气动机构等的限制。

根据机械结构的要求，其伸出长度要有最小值和最大值，所以，此类机器人的总体积或工作范围是圆柱体的一部分。

2. 球坐标系机器人

图2-2所示为球坐标系机器人。其特点如下：

1）其臂可伸出、缩回，类似于可伸缩的望远镜套筒。

2）在垂直面内绕轴回转。

3）在基座水平面内转动。

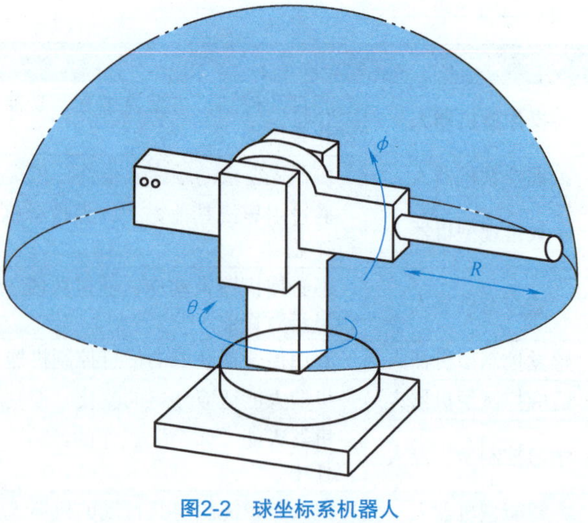

图2-2 球坐标系机器人

机器人机械结构的运动是球坐标系运动，故机器人称为球坐标系机器人。由于机械结构和驱动器连线的限制，机器人的工作范围是球体的一部分。

3. 笛卡儿坐标系机器人（直角坐标机器人）

笛卡儿坐标系机器人的结构最简单，其机械手的连杆按线性方式移动，这类机器人的运动轴称为“棱柱型”。

（1）悬臂笛卡儿式　如图 2-3 所示，机器人的机械手构件受到约束，在平行于笛卡儿坐标轴 x、y、z 的方向上移动，臂连到主干，而主干又与基座相连。这种形式的坐标机器人从支承架伸出的长度有限，刚性差，但其工作空间所受约束比其他机器人所受约束少，此外它的重复性精度高。其坐标更近乎自然状态，故编程容易，但有些运动形式需要大量计算，此结构可能较难完成，如方向与任何轴都不平行的直线轨迹。

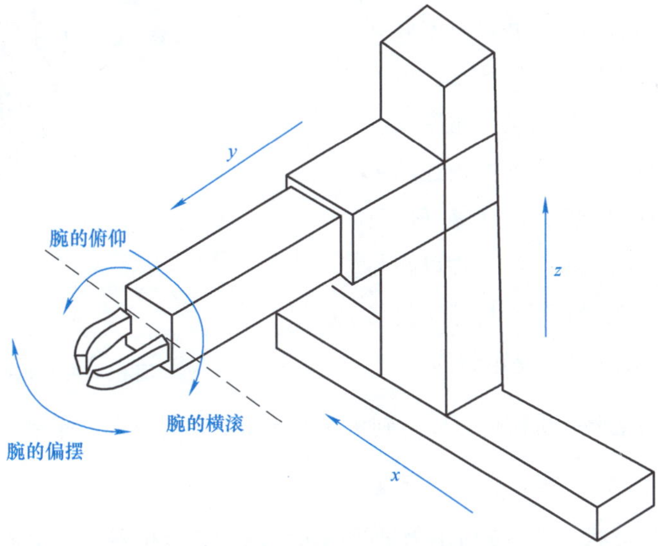

图2-3　悬臂笛卡儿式坐标机器人

（2）门形笛卡儿式　如图 2-4 所示，门形笛卡儿式坐标机器人也称为桁架机器人，它一般在需要精确移动以及载荷较大的情况下使用，这类机器人常安在顶板（天花板）上。

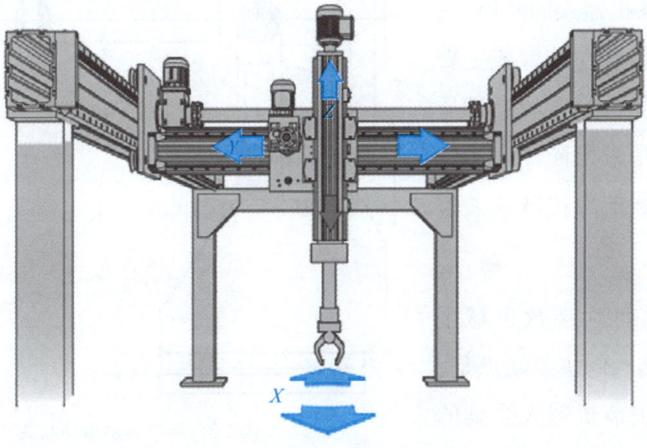

图2-4　门形笛卡儿式坐标机器人

上述分类只考虑了机械手的几个主要轴（空间位置），一台机器人的位置不仅限于三个自由度，一般前臂的端部要加一个腕点，该附件本身允许附加运动，如滚动、俯仰、偏摆。此外，机器人的整个机座安装在一个允许在一个平面内运动的物体上（如 x—y 平台或导轨）。

4.关节机器人

如图 2-5 所示，关节机器人实际上有三种不同的形状：纯球状、平行四边形球状和圆柱状。

（1）纯球状　这是最普通的关节结构，机器人所有的连杆都使用了旋转轴，因此都可以旋转。机械臂的上臂和前臂相连，该枢轴常称为肘关节，允许前臂转动 α 角度；上臂与基座相连，在与基座垂直的面内运动可绕此枢轴（常称为肩关节）转动 ϕ 角度；而基座可自由转动，因而整个组合件可在与基座平行的平面内移动角度 θ。具有这类结构的机器人的工作范围大体上是球状的。

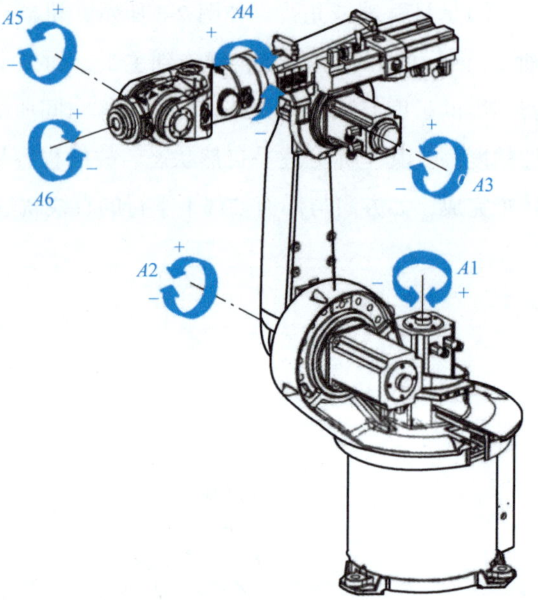

图2-5　关节机器人

这种设计的优点主要是机械臂可以达到机器人基座附近的地方，并越过其工作范围内的人和障碍物。

（2）平行四边形球状　图 2-6 所示为平行四边形球状关节机器人，用多重闭合的平行四边形的连杆机构代替单一的刚性构件的上臂。这种结构的主要优点如下：

1）它允许关节驱动器位置靠近机器人的基座或装在机器人的基座上，这就意味着它们不是装在前臂或上臂之内或之上，从而使机械臂的惯性质量大为减少，结果是采用同样大小的执行器时它们的承载能力比球状关节机器人的大。

2）其刚度比其他大多数机械手的大。平行四边形结构的主要缺点是：其工作范围比球状关节机器人受到的限制大。

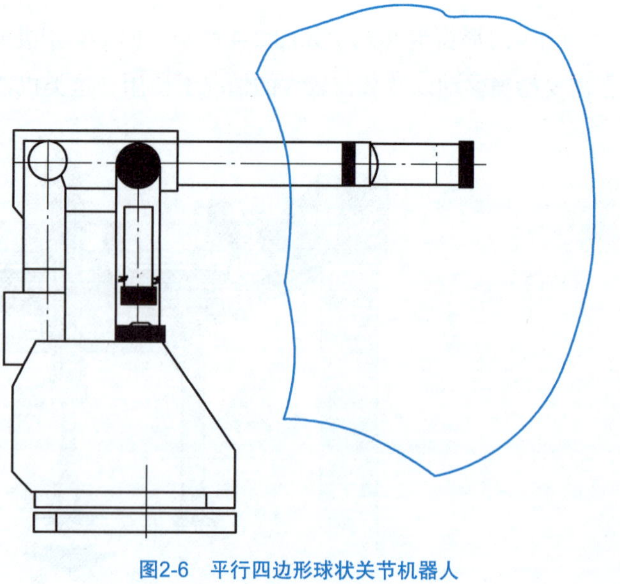
图2-6　平行四边形球状关节机器人

（3）圆柱状　图 2-7 所示为圆柱状关节机器人。圆柱状关节机器人也称为 SCARA 机器人，这种结构用多重铰接开放运动学链系代替纯圆柱状机器人中的单一轴部件。这种机器人具有精密且快速的优点，但一般情况下其垂直作用范围有限（z 方向），通常 z 轴运动用一简单的气缸或步进电动机控制，而其他轴则采用较精巧的电气执行器（如伺服电动机）控制。

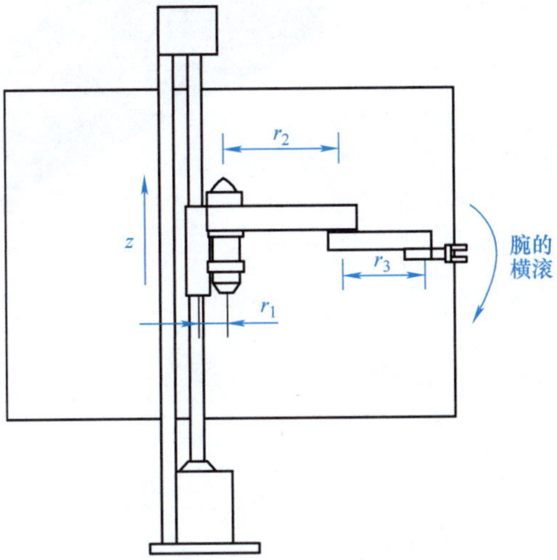

图2-7　圆柱状关节机器人

5. 并联机器人

并联机器人可以定义为动平台和定平台通过至少两个独立的运动链相连接，具有两个或两个以上自由度，且以并联方式驱动的一种闭环机器人。并联机器人与传统工业用串联机器人相比，具有以下特点：

1）无累积误差，精度较高。

2）驱动装置可置于定平台上或接近定平台的位置，使得运动部分重量轻，速度高，动态响应好。

3）结构紧凑，刚度高，承载能力大。

4）完全对称的并联机构具有较好的各向同性。

5）工作空间较小。

根据以上特点，并联机器人在需要高刚度、高精度或者大载荷而无需很大工作空间的领域得到了广泛应用。

并联机构按运动形式可分为平面机构和空间机构，还可细分为平面移动机构、平面移动转动机构、空间纯移动机构、空间纯转动机构和空间混合运动机构。并联机构按自由度可分为二自由度并联机构、三自由度并联机构、四自由度并联机构、五自由度并联机构和六自由度并联机构。

（1）二自由度并联机构　5-R、3-R-2-P（R 表示转动副，P 表示移动副）平面五杆机构是最典型的二自由度并联机构，这类机构一般具有两个移动副。图 2-8 所示为一种五连杆机器人，该机器人能够安装在普通六关节机器人末端，作为末端执行器使用，可用于激光切割等非接触式加工，具有小轨迹、切割精度高、刚度大等特点。

（2）三自由度并联机构　图 2-9 所示为三自由度并联机器人。三自由度并联机构种类较多，形式较复杂，一般有以下形式：①平面三自由度并联机构，如 3-RRR 机构、3-RPR 机构，

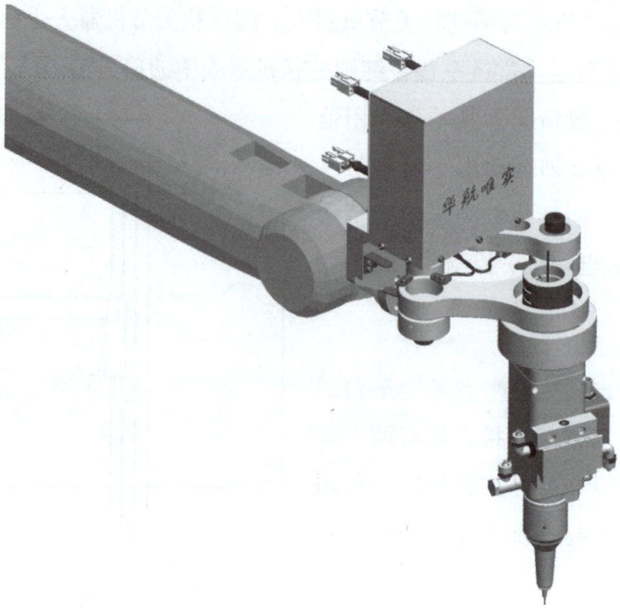

图2-8　五连杆机器人

图2-9　三自由度并联机器人

它们具有两个移动副和一个转动副；②球面三自由度并联机构，如 3-RRR 球面机构。3-UPS-1-S 球面机构。3-RRR 球面机构所有运动副的轴线汇交于空间一点，该点称为机构的中心；而 3-UPS-1-S 球面机构以 S 的中心点为机构的中心，机构上所有点的运动都是绕该点的转动；③ 3 纯移动机构，如 Star Like 并联机构、Tsai 并联机构和 DELTA 机构，该类机构的运动学正反解都很简单，是一种应用很广泛的三维移动空间机构；④空间三自由度并联机构，如典型的

3-RPS 机构，这类机构属于欠秩机构，在工作空间内不同点的运动形式不同是其最显著的特点，这种运动特性阻碍了该类机构在实际中的广泛应用；⑤增加辅助杆件和运动副的空间机构，如德国汉诺威大学研制的并联机床采用的 3-UPS-1-PU 球坐标式三自由度并联机构，由于辅助杆件和运动副的制约，该机构的运动平台具有一个移动副和两个转动副。

（3）四自由度并联机构　四自由度并联机构大多不是完全并联机构，如 2-UPS-1-RRRR 机构，运动平台通过三个支链与定平台相连，有两个支链是相同的，各具有一个虎克铰 U、一个移动副 P，其中 P 副和一个 R 副是驱动副，因此这种机构不是完全并联机构。

（4）五自由度并联机构　现有的五自由度并联机构结构复杂，如韩国 Lee 的五自由度并联机构具有双层结构（两个并联机构的结合）。

（5）六自由度并联机构　图 2-10 所示为六自由度并联机器人。六自由度并联机构是并联机器人机构中的一大类，是国内外学者研究得最多的并联机构，广泛应用于飞行模拟器、六维力与力矩传感器和并联机床等领域。但这类机构有很多关键性技术问题没有得到解决或没有完全得到解决，如运动学正解、动力学模型的建立以及并联机床的精度标定等。从完全并联的角度出发，这类机构必须具有六个运动链。但现有的并联机构中，有拥有三个支链的六自由度并联机构，如 3-PRPS 和 3-URS 等；还有在三个支链的每个支链上附加一个五杆机构作为驱动机构的六自由度并联机构。

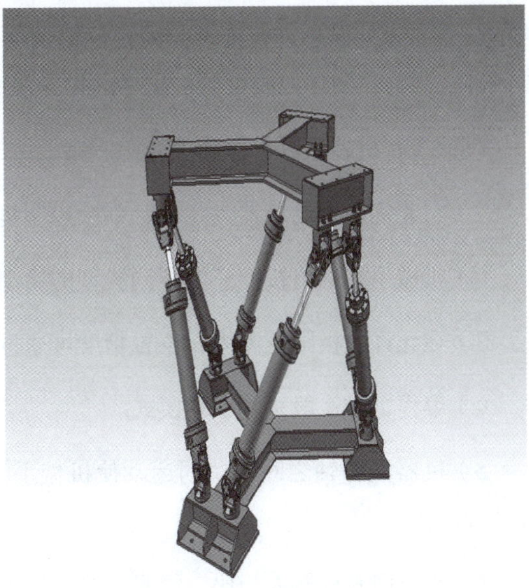
图2-10　六自由度并联机器人

2.1.2　按控制方法（关节或轴）分类

1. 非伺服控制机器人

从控制的角度看，非伺服控制是最简单的形式，非伺服控制机器人还可称为端点机器人、选取－装入机器人或开关式机器人。不考虑其机械结构或用途，这类机器人的主要特点是：它们的轴保持运动，直至达到各自的行程范围为止。每个轴只可以设定两个位置，控制的非伺服性质意味着机械一旦开始移动，将会一直移动，直到碰到适当的定位挡块为止，中间的任何运动都没有监测，因此，这类机器人的控制处于开环状态。

因为成本低，操作简单，在较小型的机器人中常使用非伺服控制。

非伺服控制机器人的特点如下：

1）因为臂的尺寸小且轴的驱动器施加的是满动力，所以机器人的运动速度相对较快。

2）价格低廉，易于操作和维修，同时也是极为可靠的设备。

3）重复定位精度为 ±0.254mm，也就是说，它返回同一点的误差为 ±0.254mm。

4）定位和编程方面的灵活性有限，因此，虽然可以多轴同时移动，但一般不能使机械手端部握持的工具沿直线移动，除非该直线与机器人的运动轴重合；也不能实现几个轴同时到达预定终点的协同运动。

2. 伺服控制机器人

伺服控制机器人一般可分为连续控制类和定位（点到点）控制类。无论哪一类，都要对有关的位置和速度信息进行连续监测并反馈到与机器人各关节有关的控制系统中，因此，各轴都是闭环控制的。闭环控制可使机械手的构件按照指令在各轴行程范围内的任何位置移动。

伺服控制机器人的特点如下：

1）与非伺服控制机器人相比，伺服控制机器人系统有较大的记忆存储容量。

2）机械手端部可按照三个不同类型的运动方式移动：点到点、直线、连续轨迹。

3）在允许的极限范围内，位置精度可通过调节伺服回路中相应放大器的增益加以调整。

4）编程工作一般采用示教模式。

5）机器人各轴之间的协同运动使机械手端部的轨迹极为复杂，一般需用小型或微型计算机进行控制。

6）与非伺服机器人相比，伺服机器人的价格高一些，可靠性稍差。

（1）点位伺服控制机器人　点位伺服控制机器人广泛用于将物体从某一位置移动到另一位置的操作，如垛码或装卸托盘作业。

（2）连续轨迹伺服控制机器人　许多应用要求机械手的作用半径大或能移动较重的物体，特别是需要沿空间一条复杂的轨迹运动的场合，还可能要求手臂末端做高速运动。这些应用包括喷漆、抛光、磨削、电弧焊等，要求执行的任务一般十分复杂。因为轨迹是连续的，故这种机器人称为连续轨迹（CP）机器人。

2.1.3　按用途分类

从应用环境出发，可将机器人分为两大类：工业机器人和特种机器人。

1. 工业机器人

所谓工业机器人，就是指面向工业领域的多关节机械手或多自由度机器人。其按用途可以分为以下几类：

（1）搬运机器人　这种机器人应用范围广，一般只需点位控制，即被搬运物体无严格的运动轨迹要求，只要求始点和终点位姿准确，如机床上用的上下料机器人、工件堆垛机器人、注射机配套用的机械等。

（2）喷涂机器人　这种机器人多用于喷漆生产线上，重复定位精度要求不高。但由于漆雾易燃，一般采用液压驱动或交流伺服电动机驱动。

（3）焊接机器人　这是目前使用最多的一类机器人，它又可分为点焊机器人和弧焊机器人两类。

（4）装配机器人　这类机器人要有较高的定位精度，手腕具有较大的柔性。目前大多用于机电产品的装配作业。

2. 特种机器人

特种机器人是除工业机器人之外的、用于非制造业并服务于人类的各种先进机器人，包括服务机器人、水下机器人、娱乐机器人、军用机器人、农业机器人以及机器人化机器等。在特种机器人中，有些分支发展得很快，有独立成体系的趋势，如服务机器人、水下机器人、军用机器人和微操作机器人等。目前，国际上的机器人研究人员从应用环境出发将机器人分为两类，即制造环境下的工业机器人和非制造环境下的服务与仿人型机器人，这与我国的分类是一致的。

2.2　工业机器人的技术参数

技术参数是各工业机器人制造商在产品供货时所提供的技术数据。工业机器人的主要技术参数一般应包括自由度、定位精度 / 重复定位精度、工作范围、最大工作速度和承载能力等。

2.2.1　自由度

自由度的英文名称为 Degree of Freedom，缩写为 DOF。自由度是机器人的一项重要技术指标，它是由机器人的结构决定的，并直接影响机器人的机动性。

1. 刚度自由度

如图 2-11 所示，物体上任何一点都与坐标轴的正交集合有关。物体的刚度自由度是指物体能够相对坐标系进行独立运动的数目。

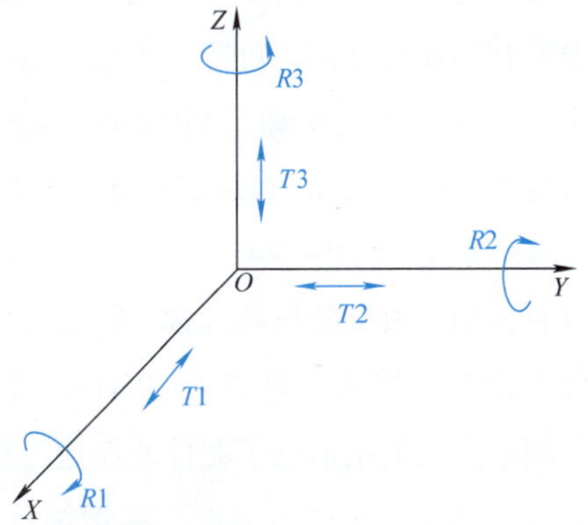

图2-11　笛卡儿坐标系中的运动

① 沿坐标轴 OX、OY 和 OZ 的三个平移运动：$T1$、$T2$ 和 $T3$。

② 绕坐标轴 OX、OY 和 OZ 的三个旋转运动：$R1$、$R2$ 和 $R3$。

这意味着物体能够运用三个平移和三个旋转，相对于坐标系进行定向和运动。

一个物体有六个自由度，当两个物体间确立起某种关系时，每一物体就会对另一物体失去一些自由度。这种关系也可以用两物体间由于建立连接关系而不能进行移动和转动来表示。

2. 机器人的自由度

机器人的自由度是指机器人所具有的独立坐标轴运动的数目，不包括手爪（末端操作器）的开合自由度，如图 2-12 所示。

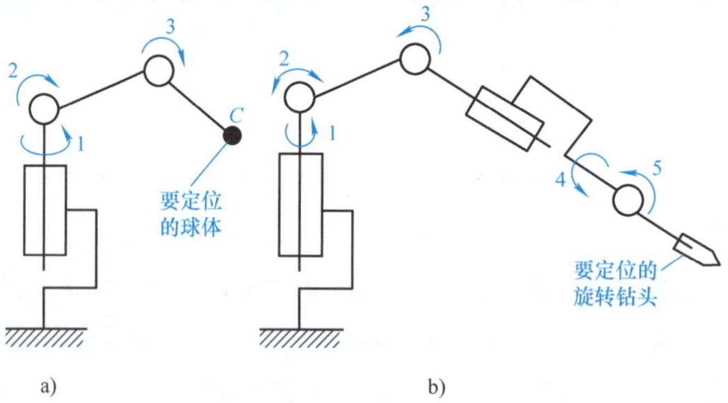

图2-12　机器人自由度

人们期望机器人能够以准确的方位把它的末端执行装置或与它连接的工具移动到给定点。如果机器人的用途预先不知道，那么它应当具有六个自由度。例如，要把一个球放到空间某个给定位置，有三个自由度就足够了；又如，要对某旋转钻头进行定位与定向，就需要五个自由度。

在三维空间中描述一个物体的位置和姿态（简称位姿）需要六个自由度。但是工业机器人的自由度是根据其用途设计的，可能小于六个自由度，也可能大于六个自由度。例如，ABB1410 型机器人具有六个自由度（图 2-13），可以进行复杂空间曲面的电弧焊作业。从运动学的观点看，在完成某一特定作业时，具有多余自由度的机器人称为冗余自由度机器人，简称冗余度机器人。例如，ABB1410 型机器人执行在印制电路板上接插电子器件的作业时就成为冗余度机器人。利用冗余的自由度可以增加机器人的灵活性，躲避障碍物和改善动力性能。例如，人的手臂（大

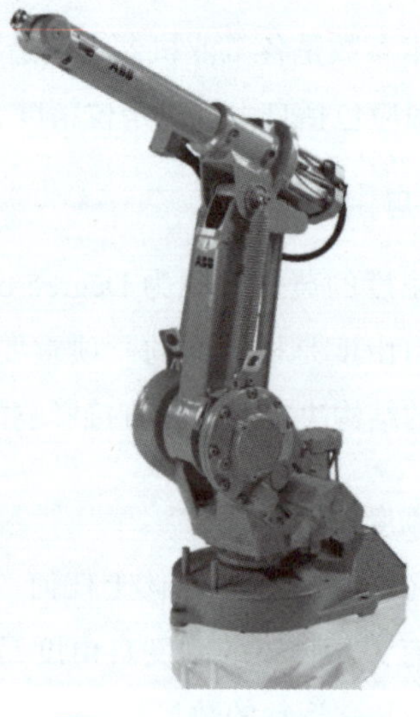

图2-13　ABB1410型机器人

臂、小臂、手腕）共有七个自由度，所以工作起来很灵活，手部可躲避障碍物，并从不同方向到达同一个目标点。

2.2.2 定位精度/重复定位精度

工业机器人精度是指定位精度和重复定位精度。定位精度是指机器人手部实际到达位置与目标位置之间的差异。重复定位精度是指机器人重复定位其手部于同一目标位置的能力，可以用标准偏差来表示，它是衡量一列误差值的密集度，即重复度，如图 2-14 所示。

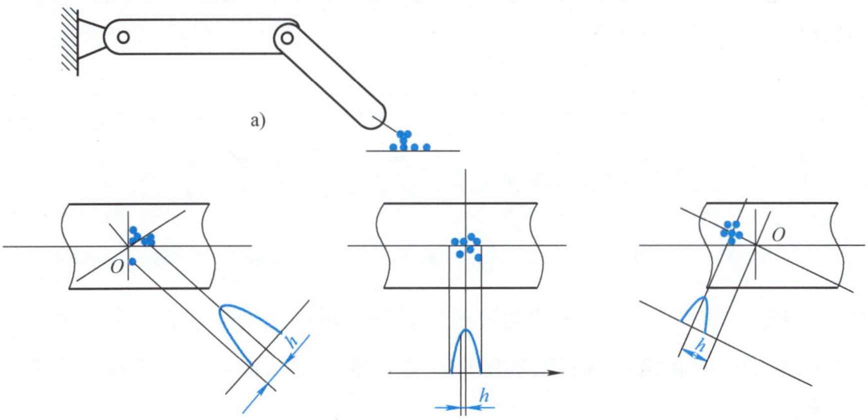

图2-14 工业机器人定位精度和重复定位精度

a）重复定位精度的测定 b）合理的定位精度，良好的重复定位精度
c）良好的定位精度，很差的重复定位精度 d）很差的定位精度，良好的重复定位精度

2.2.3 工作范围

工作范围是指机器人手臂末端或手腕中心所能到达的所有点的集合，也称为运动空间。因为末端操作器的形状和尺寸是多种多样的，为了真实反映机器人的特征参数，所以工作范围是指不安装末端操作器时的工作区域。工作范围的形状和大小是十分重要的，机器人在执行某项作业时可能会因为存在手部不能到达的作业死区而不能完成任务。图 2-15 所示为 ABB IRB 2400-16 型机器人的工作范围。

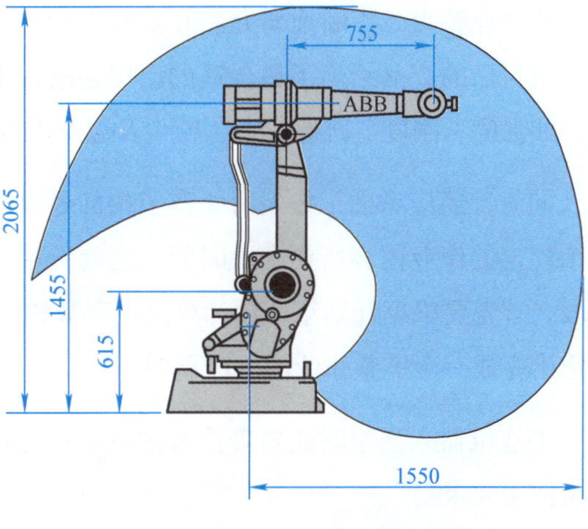

图2-15 ABB IRB 2400-16型机器人的工作范围（单位：mm）

2.2.4 最大工作速度

最大工作速度，有的厂家指工业机器人主要自由度上最大的稳定速度，有的厂家指手臂末

端最大的合成速度，通常都会在技术参数中加以说明。很明显，工作速度越大，工作效率越高。但是，工作速度大就要花费更多的时间用于升速或降速，或者对工业机器人的加速度的要求更高。

2.2.5 承载能力

承载能力是指机器人在工作范围内的任何位置上所能承受的最大负载质量。承载能力不仅取决于负载的质量，而且还与机器人运行的速度和加速度的大小和方向有关。为了保证安全，承载能力是指高速运行时的承载能力。通常，承载能力不仅指负载质量，而且还包括了机器人末端操作器的质量。

2.3 工业机器人的选择依据

在选择工业机器人时，为了满足功能要求，必须从可搬运的质量、运动空间、自由度等方面来分析，只有它们同时被满足或者增加辅助装置后能满足功能要求的条件，所选用的工业机器人才是可用的。

工业机器人的选用也常受机器人市场供应因素的影响，所以还需考虑市场价格，只有那些价格低廉、性能可靠，且有较好售后服务的机器人才是最优选择。

目前，工业机器人在许多生产领域都得到了广泛应用，如装配、焊接、喷涂和搬运码垛等。各种应用领域必然会有各自不同的环境条件，为此，工业机器人制造厂商根据不同的应用环境和作业特点，不断地研究、开发和生产出了各种类型的工业机器人供用户选用。各制造厂商都对自己的产品给出了最合适的应用领域，不仅考虑了功能要求，还考虑了其他应用中的问题，如强度、刚度、轨迹精度、粉尘及温湿度等特殊要求。

同时，还应考虑工作站对生产节拍的要求。生产节拍（生产周期）是指机器人工作站完成一个规定的作业内容所要求的时间，也就是用户对机器人工作站工作效率的要求。在总体设计阶段，首先要根据计划年产量计算出生产节拍，然后对具体工作进行分析，计算各环节的时间，确定出完成一个完整作业的生产周期。

工业机器人选型时还要着重考虑负载能力、工作范围、重复定位精度等技术参数是否能够满足使用要求。

第3章

CHAPTER 3

基于工业机器人控制器的系统集成

【学习目标】

1. 熟悉工业机器人控制器主要 I/O 接口信号的功能。
2. 掌握工业机器人控制器 I/O 接口信号的电路连接方式。

3.1 工业机器人控制器的结构及组成

工业机器人的控制系统相当于人脑，它的任务是根据工业机器人的作业指令程序以及从传感器反馈回来的信号支配机器人的执行机构完成规定的运动和功能。若工业机器人不具备信息反馈特征，则为开环控制系统；若具备信息反馈特征，则为闭环控制系统。工业机器人控制器一般安装在执行部件的位置检测元件（如光电编码器）和速度检测单元（如测速电动机）中，可将检测量反馈到控制器中，用于闭环控制。

控制系统可以分成两大部分：一部分用于对工业机器人运动进行控制，另一部分用于工业机器人与周边设备的协调控制。所以工业机器人的控制器结构分为人机界面部分与运动控制部分，如图 3-1 所示。人机界面部分的功能有显示、通信、作业条件等，运动控制部分的功能有运动计算、伺服控制、输入输出控制（PLC 功能）、传感器控制等。

工业机器人中的控制器包括：主控计算机和关节伺服控制器，如图 3-2 所示。主控计算机主要根据作业要求完成编程，并发出指令控制各伺服驱动装置，使各杆件协调工作；同时还要完成环境状况、周边设备之间的信息传递和协调工作。关节伺服控制器主要是根据主控计算机的指令，按作业任务的要求驱动各关节运动，包括实现驱动单元的伺服控制、轨迹插补计算，以及系统状态的监测。

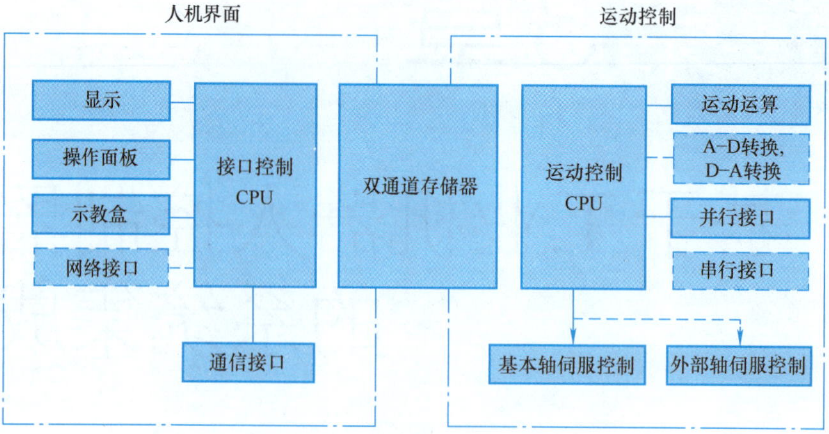

图3-1　工业机器人控制器的结构

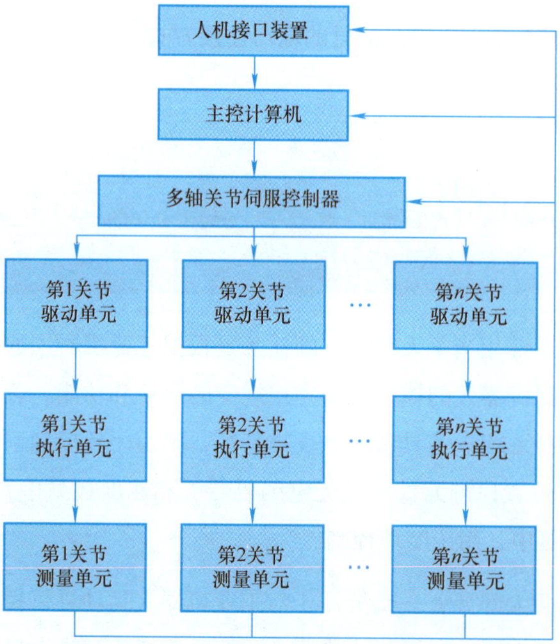

图3-2　工业机器人控制系统的一般构成

3.2　控制器I/O通信

3.2.1　机器人I/O通信的种类

一般机器人都会提供比较丰富的 I/O 通信接口，可以同周边设备进行通信。下面以 ABB 机器人为例进行介绍，表 3-1 是 ABB 机器人常用的通信方式及 I/O 通信接口。

表 3-1 ABB 机器人常用的通信方式及 I/O 通信接口

PC	现场总线	ABB 标准
RS232 通信	Device Net	标准 I/O 板
OPC server Socket Message	Profibus Profibus-DP Profinet EtherNet IP	PLC

ABB 机器人 I/O 通信接口的说明如下：

1）ABB 的标准 I/O 板提供的常用信号处理方式有数字输入 di、数字输出 do、模拟输入 ai、模拟输出 ao，以及输送链跟踪。

2）ABB 机器人可以选配标准 ABB 的 PLC，省去了与外部 PLC 进行通信设置的步骤，并且在机器人的示教器上就能实现与 PLC 相关的操作。

3.2.2 常用的ABB标准I/O板

表 3-2 是 ABB 机器人常用的标准 I/O 板。

表 3-2 常用的 ABB 标准 I/O 板

型　号	说　明
DSQC651	分布式 I/O 模块，di8/do8、ao2
DSQC652	分布式 I/O 模块，di16/do16
DSQC653	分布式 I/O 模块，di8/do8、带继电器
DSQC355A	分布式 I/O 模块，ai4/ao4
DSQC377A	输送链跟踪单元

1. ABB标准I/O板 DSQC651

DSQC651 板主要提供 8 个数字输入信号、8 个数字输出信号和两个模拟输出信号的处理。

（1）模块接口说明（图 3-3 所示）

（2）模块接口连接说明

1）X1 接口表见表 3-3。

2）X3 接口表见表 3-4。

3）X5 接口表见表 3-5。

4）X6 接口表见表 3-6。

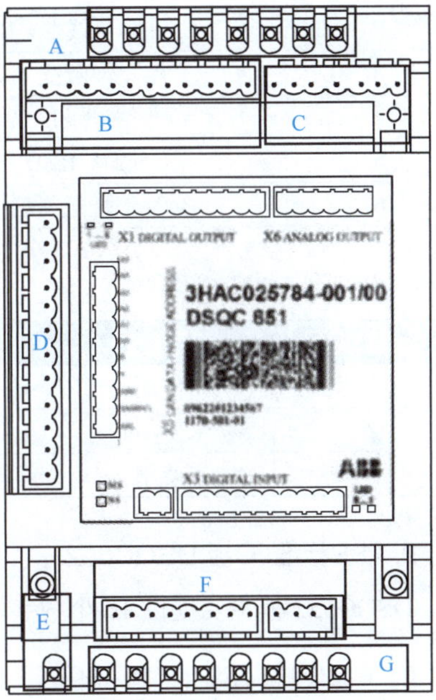

图3-3 ABB标准I/O板DSQC651

A—数字输出信号指示灯 B—X1，数字输出信号接口
C—X6，模拟输出信号接口 D—X5，DeviceNet 接口
E—模块状态指示灯 F—X3，数字输入信号接口
G—数字输入信号指示灯

表 3-3　DSQC651 板的 X1 接口

X1 接口编号	使用定义	地址分配	X1 接口编号	使用定义	地址分配
1	OUTPUT CH1	32	6	OUTPUT CH6	37
2	OUTPUT CH2	33	7	OUTPUT CH7	38
3	OUTPUT CH3	34	8	OUTPUT CH8	39
4	OUTPUT CH4	35	9	0V	
5	OUTPUT CH5	36	10	24V	

表 3-4　DSQC651 板的 X3 接口

X3 接口编号	使用定义	地址分配	X3 接口编号	使用定义	地址分配
1	INPUT CH1	0	6	INPUT CH6	5
2	INPUT CH2	1	7	INPUT CH7	6
3	INPUT CH3	2	8	INPUT CH8	7
4	INPUT CH4	3	9	0V	
5	INPUT CH5	4	10	未使用	

表 3-5　DSQC651 板的 X5 接口

X5 接口编号	使用定义	X5 接口编号	使用定义
1	0V BLACK	7	模块 ID bit0（LSB）
2	CAN 信号线 low BLUE	8	模块 ID bit1（LSB）
3	屏蔽线	9	模块 ID bit2（LSB）
4	CAN 信号线 high WHITE	10	模块 ID bit3（LSB）
5	24V RED	11	模块 ID bit4（LSB）
6	GND 地址选择公共端	12	模块 ID bit5（LSB）

表 3-6　DSQC651 板的 X6 接口

X6 接口编号	使用定义	地址分配	X6 接口编号	使用定义	地址分配
1	未使用		4	0V	
2	未使用		5	模拟输出 ao1	0~15
3	未使用		6	模拟输出 ao2	16~31

2. ABB标准I/O板 DSQC652

DSQC652 板主要提供 16 个数字输入信号和 16 个数字输出信号的处理。

（1）模块接口说明（图 3-4）

（2）模块接口连接说明

1）X1 接口表见表 3-7。

2）X2 接口表见表 3-8。

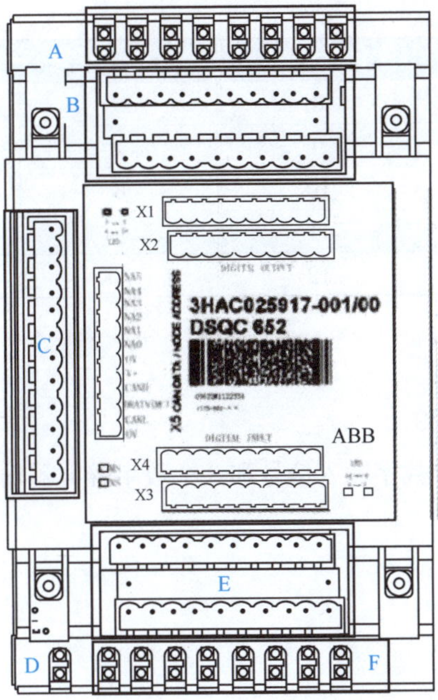

图3-4 ABB标准I/O板DSQC652

A—数字输出信号指示灯 B—X1、X2，数字输出信号接口 C—X5，DeviceNet 接口
D—模块状态指示灯 E—X3、X4，数字输入信号接口 F—数字输入信号指示灯

表 3-7 DSQC652 板的 X1 接口

X1 接口编号	使用定义	地址分配	X1 接口编号	使用定义	地址分配
1	OUTPUT CH1	0	6	OUTPUT CH6	5
2	OUTPUT CH2	1	7	OUTPUT CH7	6
3	OUTPUT CH3	2	8	OUTPUT CH8	7
4	OUTPUT CH4	3	9	0V	
5	OUTPUT CH5	4	10	24V	

表 3-8 DSQC652 板的 X2 接口

X2 接口编号	使用定义	地址分配	X2 接口编号	使用定义	地址分配
1	OUTPUT CH9	8	6	OUTPUT CH14	13
2	OUTPUT CH10	9	7	OUTPUT CH15	14
3	OUTPUT CH11	10	8	OUTPUT CH16	15
4	OUTPUT CH12	11	9	0V	
5	OUTPUT CH13	12	10	24V	

3）X3 接口表见表 3-4。

4）X4 接口表见表 3-9。

表 3-9　DSQC652 板的 X4 接口

X4 接口编号	使用定义	地址分配	X4 接口编号	使用定义	地址分配
1	INPUT CH9	8	6	INPUT CH14	13
2	INPUT CH10	9	7	INPUT CH15	14
3	INPUT CH11	10	8	INPUT CH16	15
4	INPUT CH12	11	9	0V	
5	INPUT CH13	12	10	未使用	

5）X5 接口表见表 3-5。

3. ABB标准I/O板 DSQC653

DSQC653 板主要提供 8 个数字输入信号和 8 个数字继电器输出信号的处理。

（1）模块接口说明（图 3-5）

（2）模块接口连接说明

1）X1 接口表见表 3-10。

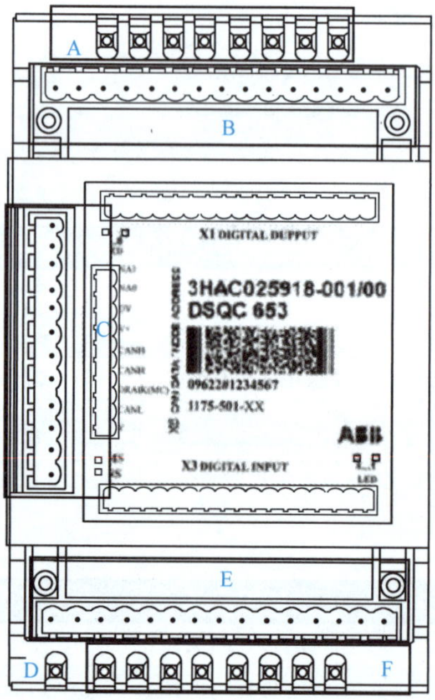

图3-5　ABB标准I/O板DSQC653

A—数字输出信号指示灯　B—X1，数字继电器输出信号接口
C—X5，DeviceNet 接口　D—模块状态指示灯
E—X3，数字输入信号接口
F—数字输入信号指示灯

表 3-10　DSQC653 板的 X1 接口

X1 接口编号	使用定义	地址分配
1	OUTPUT CH1A	0
2	OUTPUT CH1B	
3	OUTPUT CH2A	1
4	OUTPUT CH2B	
5	OUTPUT CH3A	2
6	OUTPUT CH3B	
7	OUTPUT CH4A	3
8	OUTPUT CH4B	
9	OUTPUT CH5A	4
10	OUTPUT CH5B	
11	OUTPUT CH6A	5
12	OUTPUT CH6B	
13	OUTPUT CH7A	6
14	OUTPUT CH7B	
15	OUTPUT CH8A	7
16	OUTPUT CH8B	

2）X3 接口表见表 3-11。

3）X5 接口表见表 3-5。

表 3-11　DSQC653 板的 X3 接口

X3 接口编号	使用定义	地址分配	X3 接口编号	使用定义	地址分配
1	INPUT CH1	0	6	INPUT CH6	5
2	INPUT CH2	1	7	INPUT CH7	6
3	INPUT CH3	2	8	INPUT CH8	7
4	INPUT CH4	3	9	0V	
5	INPUT CH5	4	10~16	未使用	

4. ABB 标准 I/O 板 DSQC355A

DSQC355A 板主要提供 4 个模拟输入信号和 4 个模拟输出信号的处理。

（1）模块接口说明（图 3-6）

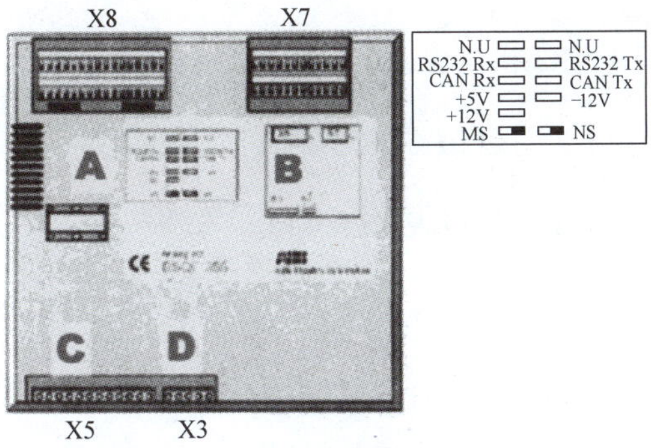

图3-6　ABB标准I/O板DSQC355A

A—X8，模拟输入信号接口　B—X7，模拟输出信号接口
C—X5，DeviceNet 接口　D—X3，供电电源

（2）模块接口连接说明

1）X3 接口表见表 3-12。

2）X5 接口表见表 3-5。

3）X7 接口表见表 3-13。

4）X8 接口表见表 3-14。

表 3-12　DSQC355A 板的 X3 接口

X3 接口编号	使用定义	X3 接口编号	使用定义
1	0V	4	未使用
2	未使用	5	+24V
3	接地		

表 3-13　DSQC355A 板的 X7 接口

X7 接口编号	使用定义	地址分配	X7 接口编号	使用定义	地址分配
1	模拟输出 _1，-10V/+10V	0~15	19	模拟输出 _1，0V	
2	模拟输出 _2，-10V/+10V	16~31	20	模拟输出 _2，0V	
3	模拟输出 _3，-10V/+10V	32~47	21	模拟输出 _3，0V	
4	模拟输出 _4，4~20mA	48~63	22	模拟输出 _4，0V	
5~18	未使用		23~24	未使用	

表 3-14　DSQC355A 板的 X8 接口

X8 接口编号	使用定义	地址分配	X8 接口编号	使用定义	地址分配
1	模拟输入 _1，-10V/+10V	0~15	25	模拟输入 _1，0V	
2	模拟输入 _2，-10V/+10V	16~31	26	模拟输入 _2，0V	
3	模拟输入 _3，-10V/+10V	32~47	27	模拟输入 _3，0V	
4	模拟输入 _4，4~20mA	48~63	28	模拟输入 _4，0V	
5~16	未使用		29~32	0V	
17~24	+24V				

5. ABB标准I/O板 DSQC377A

DSQC377A 板主要提供机器人输送链跟踪功能所需的编码器与同步开关信号的处理。

（1）模块接口说明（图 3-7）

（2）模块接口连接说明

1）X3 接口表见表 3-12。

2）X5 接口表见表 3-5。

3）X20 接口表见表 3-15。

图3-7　ABB标准I/O板DSQC377A

A—X20，编码器与同步开关的接口

B—X5，DeviceNet 接口　C—X3，供电电源

表 3-15　DSQC377A 板的 X20 接口

X20 接口编号	使用定义	X20 接口编号	使用定义
1	24V	6	编码器 1，B 相
2	0V	7	数字输入信号 1，24V
3	编码器 1，24V	8	数字输入信号 1，0V
4	编码器 1，0V	9	数字输入信号 1，信号
5	编码器 1，A 相	10~16	未使用

3.3　工业机器人的外部控制

在常见的机器人工作站中，工业机器人的起动、停止、暂停和急停等功能可以通过机器人控制柜或者示教器上的相应按钮来实现，但实际应用中为了与外围设备实现通信和动作上的同步，常使用外围设备控制来实现这些功能。如图 3-8 所示，当相应功能按钮接通时，外部 PLC 发出相应信号，继电器接通后，机器人 I/O 板同时得到并发出相应的信号到机器人控制器，经过计算处理后，完成相应的动作。

在某些特殊情况下，机器人工作站中并未使用外部 PLC，也可以将对应功能的按钮直接接到机器人标准 I/O 板上来实现相应的功能。

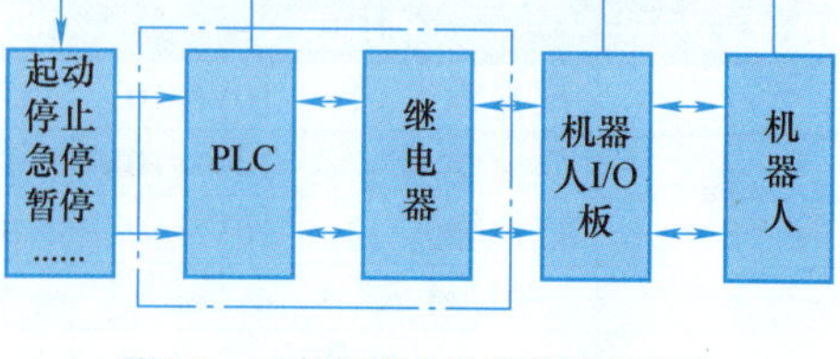

图3-8　工业机器人的外部控制形式

第4章
CHAPTER 4

基于PLC的工业机器人工作站系统集成

【学习目标】

1. 熟悉工业机器人系统与外围设备的通信方式。
2. 掌握工业机器人与 PLC 的连接电路。
3. 掌握 PLC 控制工业机器人的程序设计方法。
4. 掌握触摸屏控制工业机器人运行的组态方法。

4.1 工业机器人系统外部通信方式

现场总线是指安装在制造或过程区域的现场装置与控制室内的自动装置之间的数字式、串行、多点通信的数据总线。随着工业机器人技术的不断发展，机器人工作站对信号传输距离、速度和稳定性提出了更高的要求，相对于传统的 I/O 通信，总线通信能够更好地适应稳定的长距离信号传输，并且可维护性和可操作性大大提高，因此也广泛应用于工业机器人系统的通信过程中。

目前世界上存在大约四十余种现场总线，还没有形成统一的标准。下面介绍常用的几种主流现场总线。

1. 基金会现场总线（Foundation Fieldbus，简称FF）

基金会现场总线包括以美国 Fisher-Rosemount 公司为首的、联合了横河、ABB、西门子、英维斯等 80 家公司制定的 ISP 协议，以及以 Honeywell 公司为首的、联合了欧洲等地区的 150 余家公司制定的 WorldFIP 协议，于 1994 年 9 月进行了合并。该总线在过程自动化领域得到了广泛的应用，具有良好的发展前景。

基金会现场总线采用国际标准化组织 ISO 的开放化系统互联 OSI 的简化模型（第 1、2、7

层），即物理层、数据链路层、应用层，另外增加了用户层。FF 总线分为低速 H1 和高速 H2 两种通信速率，前者传输速率为 31.25Kbit/s，通信距离可达 1900m，可支持总线供电和本质安全防爆环境。后者传输速率为 1Mbit/s 和 2.5Mbit/s，通信距离为 750m 和 500m，支持双绞线、光缆和无线发射，协议符合 IEC1158-2 标准。FF 物理媒介的传输信号采用曼彻斯特编码。

2. CAN（Controller Area Network，控制器局域网）

CAN 最早由德国博世公司推出，广泛应用于离散控制领域，其总线规范已被 ISO 制定为国际标准，得到了英特尔、摩托罗拉、NEC 等公司的支持。CAN 协议分为两层：物理层和数据链路层。CAN 的信号传输采用短帧结构，传输时间短，具有自动关闭功能和较强的抗干扰能力。CAN 支持多主工作方式，并采用了非破坏性总线仲裁技术，通过设置优先级来避免冲突，通信距离最远可达 10kM（速度低于 5kb/s），通信速率最高可达 40m（距离小于 40m），网络节点数实际可达 110 个。已有多家公司开发了符合 CAN 协议的通信芯片。

3. Lonworks

LonWorks 协议由美国 Echelon 公司推出，并由摩托罗拉、东芝公司共同倡导。它采用 ISO/OSI 模型的全部 7 层通信协议，采用面向对象的设计方法，通过网络变量把网络通信设计简化为参数设置。支持双绞线、同轴电缆、光缆和红外线等多种通信介质，通信速率从 300b/s~1.5M/s 不等，直接通信距离可达 2700m（78kb/s），被誉为通用控制网络。Lonworks 技术采用的 LonTalk 协议被封装到 Neuron（神经元）的芯片中，并得以实现。采用 Lonworks 技术和神经元芯片的产品，被广泛应用在楼宇自动化、家庭自动化、保安系统、办公设备、交通运输及工业过程控制等领域。

4. DeviceNet

DeviceNet 是一种低成本的通信连接，也是一种简单的网络解决方案，有着开放的网络标准。DeviceNet 具有的直接互联性不仅改善了设备间的通信，而且提供了相当重要的设备级阵地功能。DeviceNet 基于 CAN 技术，传输率为 125~ 500kb/s，每个网络的最大节点为 64 个，其通信模式为：生产者 / 客户（Producer/Consumer），采用多信道广播信息发送方式。位于 DeviceNet 网络上的设备可以自由连接或断开，不影响网上的其他设备，而且其设备的安装布线成本也较低。DeviceNet 总线的组织结构是 Open DeviceNet Vendor Association（开放式设备网络供应商协会，简称“ODVA”）。

5. PROFIBUS

PROFIBUS 是德国标准（DIN19245）和欧洲标准（EN50170）的现场总线标准。由 PROFIBUS—DP、PROFIBUS—FMS 和 PROFIBUS—PA 系列组成。DP 用于分散外设间高速数据传输，适用于加工自动化领域。FMS 适用于纺织、楼宇自动化、可编程控制器及低压开关等。

PA 用于过程自动化的总线类型，服从 IEC1158 – 2 标准。PROFIBUS 支持主 - 从系统、纯主站系统、多主多从混合系统等几种传输方式。PROFIBUS 的传输速率为 9.6kb/s~12Mb/s，在传输速率 9.6kb/s 下最大传输距离为 1200m，可采用中继器延长至 10km，传输介质为双绞线或者光缆，最多可挂接 127 个站点。

6. HART

HART 是 Highway Addressable Remote Transducer 的缩写，最早由 Rosemount 公司开发。其特点是在现有模拟信号传输线上实现数字信号通信，属于模拟系统向数字系统转变的过渡产品。其通信模型采用物理层、数据链路层和应用层三层，支持点对点主从应答方式和多点广播方式。由于它采用模拟信号与数字信号混合的方式，难以开发通用的通信接口芯片。HART 能利用总线供电，可满足本质安全防爆的要求，并可用于由手持编程器与管理系统主机作为主设备的双主设备系统。

7. CC-Link

CC-Link 是 Control&Communication Link（控制与通信链路系统）的缩写，在 1996 年 11 月，由以三菱电机为主导的多家公司推出，其增长势头迅猛，在亚洲占有较大份额。在其系统中，可以将控制和信息数据同时以 10Mbit/s 高速传送至现场网络，具有性能卓越、使用简单、应用广泛、节省成本等优点。其不仅解决了工业现场配线复杂的问题，同时具有优异的抗噪性能和兼容性。CC-Link 是一个以设备层为主的网络，同时也可覆盖较高层次的控制层和较低层次的传感层。2005 年 7 月，CC-Link 被中国国家标准委员会批准为中国国家标准指导性技术文件。

8. WorldFIP

WorldFIP 的北美部分与 ISP 合并为 FF 以后，WorldFIP 的欧洲部分仍保持独立，总部设在法国。其在欧洲市场占有重要地位，特别是在法国，占有率大约为 60%。WorldFIP 的特点是：具有单一的总线结构来适用不同的应用领域的需求，而且没有任何网关或网桥，通过软件来解决高速和低速的衔接。WorldFIP 与 FFHSE 可以实现“透明连接”，并对 FF 的 H1 进行了技术拓展，如速率等。在与 IEC61158 第一类型的连接方面，WorldFIP 做得最好，走在世界前列。

9. INTERBUS

INTERBUS 是德国 Phoenix 公司推出的较早的现场总线，2000 年 2 月成为国际标准 IEC61158。INTERBUS 采用国际标准化组织 ISO 的开放化系统互联 OSI 的简化模型（1,2,7 层），即物理层、数据链路层、应用层，具有强大的可靠性、可诊断性和易维护性。其采用集总帧型的数据环通信，具有低速度、高效率的特点，并严格保证了数据传输的同步性和周期性；该总线的实时性、抗干扰性和可维护性也非常出色。INTERBUS 广泛地应用于汽车、烟草、仓储、造纸、包装、食品等行业，成为国际现场总线的领先者。

此外，较有影响的现场总线还有丹麦 Process-Data A/S 公司提出的 P-Net 现场总线，该总线主要应用于农业、林业、水利、食品等行业；SwiftNet 现场总线主要应用在航空航天等领域。

4.2 工业机器人工作站PLC控制系统的构成

PLC 是一种采用一类可编程的存储器，用于其内部存储程序，执行逻辑运算、顺序控制、定时、计算与算术操作等面向用户的指令，并通过数字或模拟式输入 / 输出控制各种类型的机械或生产过程。作为工业控制的核心部分，PLC 不仅可以替代继电器系统，使硬件软化，提高系统工具的可靠性以及系统的灵活性，而且还具有运算、计数、调节、通信、联网等功能。随着工厂自动化网络的形成，机器人的应用领域也越来越广。由单台或多台机器人组成的机器人工作站也常采用 PLC 进行控制。

4.2.1 工业机器人与PLC的连接电路

PLC 是采用“顺序扫描，不断循环”的方式进行工作的。即在 PLC 运行时，CPU 根据用户按控制要求编制好并存于用户存储器中的程序，按指令步序号（或地址号）做周期性循环扫描，若无跳转指令，则从第一条指令开始逐条顺序执行用户程序，直至程序结束。然后重新返回至第一条指令，开始下一轮新的扫描。当 PLC 投入运行后，其工作过程一般分为三个阶段，即输入采样、用户程序执行和输出刷新三个阶段。输出刷新期间，CPU 按照 I/O 映像区内对应的状态和数据刷新所有的输出锁存电路，再经输出电路驱动相应的外设。

工业机器人工作站根据使用环境的不同，除了机器人本体外还会配备各种外围设备，通常需要大量的信号通信，因此 PLC 的使用成为了必然。PLC 通过执行用户预先编制好的程序指令，根据接收到的输入信号，经过逻辑运算和判断后，输出相应的信号来控制继电器，将 PLC 的输出信号转化为机器人 I/O 板的输入信号。

机器人 I/O 板集成了控制器的 I/O 电路，机器人控制器主要是通过 I/O 模块上的接口与外界联系的。机器人 I/O 板接收到信号后，并不会对信号进行处理，而是通过总线将信号传递给机器人控制器，经过机器人控制器处理后进行相应的信号反馈或者控制机器人的机械臂进行相关动作。一般工业机器人与 PLC 的连接电路如图 4-1 所示。

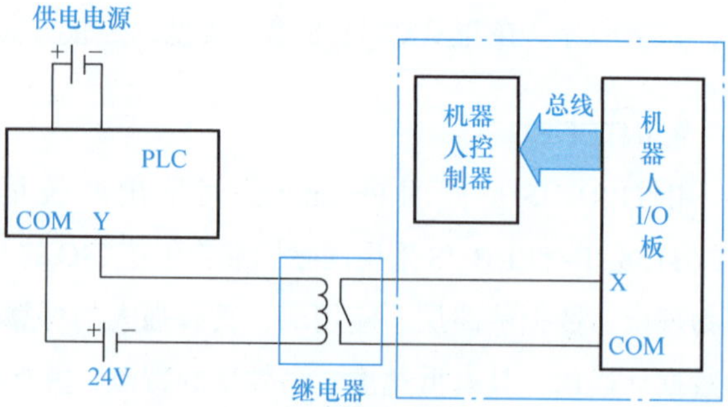

图4-1 一般工业机器人与PLC的连接电路

4.2.2 PLC控制机器人运行的程序设计

PLC 控制机器人系统的设计步骤流程图如图 4-2 所示。具体步骤如下：

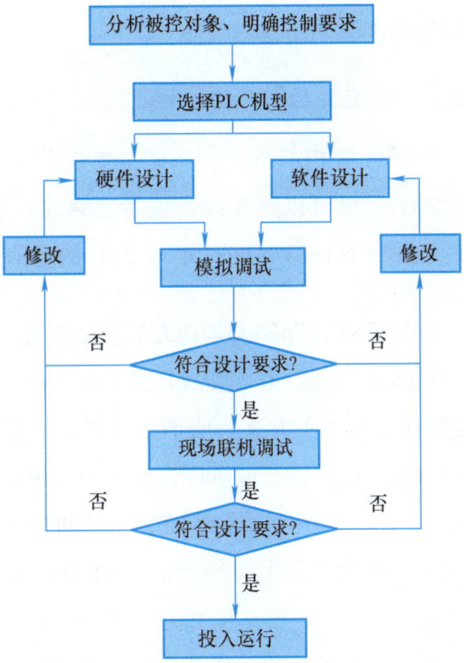

图4-2 PLC控制机器人系统的设计步骤流程图

1）了解和分析被控对象的控制要求，确定输入、输出设备的类型和数量。

2）根据输入、输出设备的类型和数量，确定PLC的I/O点数，并选择相应点数的PLC机型。

3）合理分配 I/O 点数，绘制 PLC 控制系统输入、输出接口接线图。

4）根据控制要求绘制工作循环图或状态流程图。

5）根据工作循环图或状态流程图编写梯形图、指令语句、汇编语言或计算机高级语言等形式的用户程序。

6）用编程器将用户程序输入到 PLC 内部存储器中。

7）程序调试。先进行模拟调试，再进行现场联机调试；先进行局部、分段调试，再进行整体、系统调试。

8）调试过程结束，整理技术资料，投入运行。

4.3 工业机器人工作站人机界面

由显示器和触摸屏组成的触摸式可编程终端称为触摸屏。随着科学技术的发展，触摸屏作为一种最新的计算机输入设备，已成为目前最简单、方便、自然的一种人机交互方式。为了操作方便，常用触摸屏来代替鼠标、键盘和控制屏上的开关、按钮。工作时，用户必须首先用手指或其他物体触摸安装在显示器前端的触摸屏，然后系统根据手指触摸的图标或菜单位置来定位选择信息输入。触摸触摸屏时，所触摸的位置就会被触摸屏检测出来形成坐标值。触摸屏的位置坐标是绝对坐标，一般以屏幕的左上角为原点。

按照触摸屏的工作原理和传输信息的介质，把触摸屏分为四种：电阻式触摸屏、电容式触摸屏、红外线触摸屏和表面声波触摸屏。每一种触摸屏都有各自的优缺点以及使用场合。用于工业自动化控制的触摸屏的主要功能为：显示和状态监视功能、数字输入功能、控制功能、实时报警功能和网络通信功能。

4.3.1 触摸屏与PLC的连接

触摸屏与 PLC 的通信方式主要是串口通信，但是各个公司使用的通信协议不尽相同，可以是 RS232，也可以是 RS485 或者 RS422。下面介绍一下应用广泛的欧姆龙（OMRON）公司生产的触摸屏 NT631/NT631 C 与 PLC 的通信连接（以下触摸屏简称为 PT，PLC 也称为上位机）。

1. NT631/NT631 C与PLC的通信方式

NT631/NT631 C 与 PLC 之间有三种通信方式：上位链接方式、NT 链接（1∶1）方式和 NT 链接（1∶*N*）方式。所谓上位链接，就是可编程终端 PT 发出命令信息给 PLC，PLC 返回响应信息，以会话式的顺序读出或写入 PLC 继电器、数据存储器及各种设定状态的信息。上位机以 1∶1 连接方式链接到 PT，上位机的字和位通过上位链接通信方式读出并显示。这种方式可用于连接大多数类型的 PLC。NT 链接是一种用直接连接功能与 PLC 高速通信的方法。所谓 NT 链接（1∶1），就是指 PLC 与 PT 一对一连接。通过 NT 链接（1∶1）通信方式可读出并显示上位机的字和位。这种通信方式的通信速度比上位链接方式快。所谓 NT 链接（1∶*N*），是指一台 PLC 连接到多台 PT。PLC 的字和位通过 NT 链接（1∶*N*）通信方式读出并显示，每台 PT 可以分别向 PLC 传送数据或从 PLC 接收数据，并且它们可以有独立的画面显示。这种方式提供了 PLC 与多台 PT 的快速通信，每一种通信方式都需要根据连接的 PLC 的运行条件进行设置。

NT631/NT631 C 有两个通信接口：串口 A 和串口 B。串口 A 仅用于 RS232C 的通信类型，此接口可连接支持工具和条形码阅读器。串口 B 有两个接口：连接器接口和终端块接口。连接器接口仅用于 RS232C 的通信类型，不能在此连接支持工具和条形码阅读器；终端块接口仅用于 RS422A/485 的通信类型，且连接器接口和终端块接口不能同时使用。欧姆龙公司生产的 PLC 类型很多，如 C 系列、CV 系列及 CVM1 系列等，每种机型所带的通信接口类型是不同的，有 RS232C 接口，也有 RS422A、RS485 接口。由于 PT 与 PLC 的接口形式不同，所以它们连接时就会出现不同的情况。

2. NT631/NT631 C与PLC的连接方法

（1）PT 的 RS232C 接口和上位机的 RS232C 接口的连接　连接方法如图 4-3 所示。用一根 RS232C 电缆在 RS232C 接口间直接连接，这是最简单的连接方法。根据需要连接的上位机，可以使用带连接器的欧姆龙的电缆。

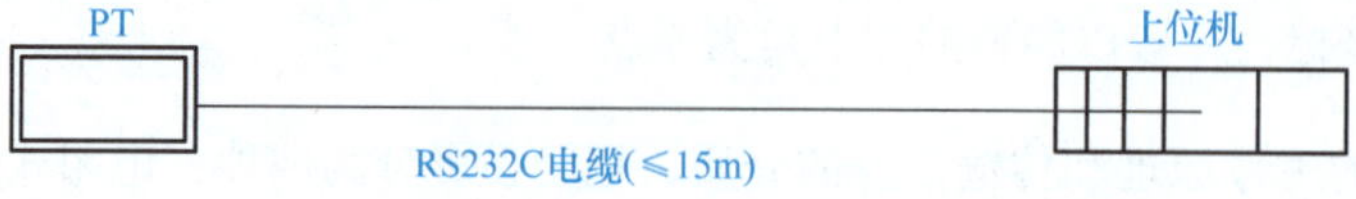

图4-3　RS232C接口的连接方法

（2）PT 的 RS422A/485 接口和上位机的 RS422A/485 接口的连接　连接方法有以下四种：

1）通过 RS422A 电缆直接连接 PT 和上位机的 RS422A 接口。使用这种方法时，电缆长度可延长至 500m，如图 4-4 所示。

图4-4　RS422A接口连接方法

2）通过 RS485 电缆直接连接 PT 和上位机的 RS485 接口。使用这种方法时，电缆长度可延长至 500m，如图 4-5 所示。

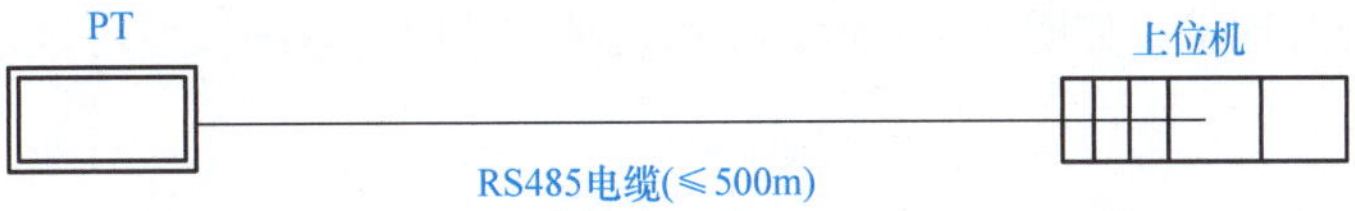

图4-5　RS485接口连接方法

3）用 1∶N 链接方式连接多台 PT 的 RS422A 接口和上位机的 RS422A 接口。这种方法适用于 RS422A 型 NT 链接（1∶N）方式，如图 4-6 所示。

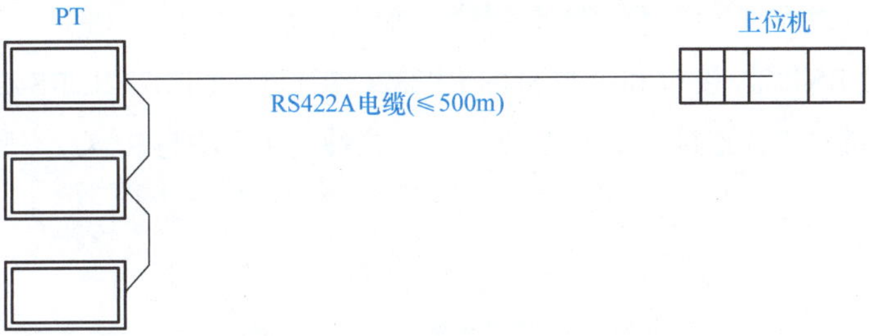

图4-6　RS422A接口的1∶N连接方法

4）用 1∶N 链接方式连接多台 PT 的 RS485 接口和上位机的 RS485 接口。这种方法适用于 RS485 型 NT 链接（1∶N）方式，如图 4-7 所示。

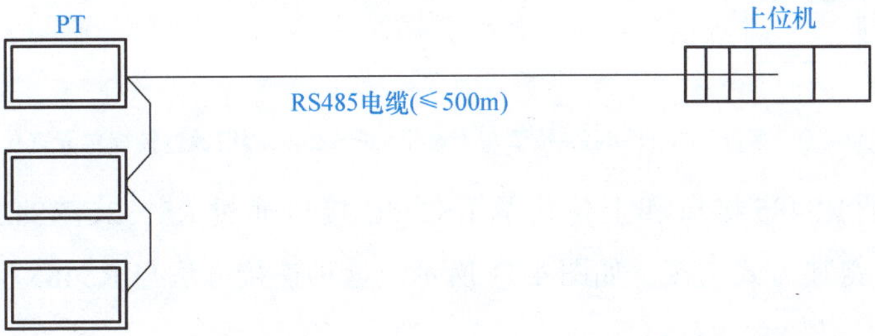

图4-7　RS485接口的1∶N连接方法

（3）PT 的 RS422A/485 接口和上位机的 RS232C 接口的连接　连接方法有以下四种：

1）PT 的 RS422A 接口和上位机的 RS232C 接口通过 RS232C/RS422A 转换单元 NT-AL001 以（1∶1）链接方式连接，如图 4-8 所示。使用这种方法时，电缆长度可延长至 500m。

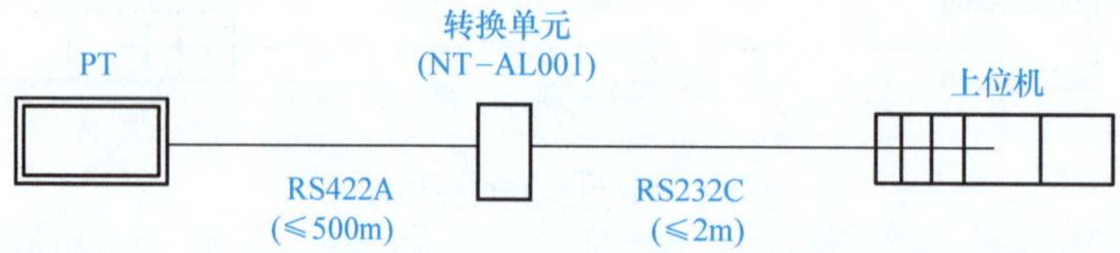

图4-8　PT的RS422A接口与上位机的RS232C接口通过转换单元连接

2）PT 的 RS485 接口和上位机的 RS232C 接口通过 RS232C/RS422A 转换单元 NT-AL001 以（1∶1）链接方式连接，如图 4-9 所示。使用这种方法时，电缆长度可延长至 500m。

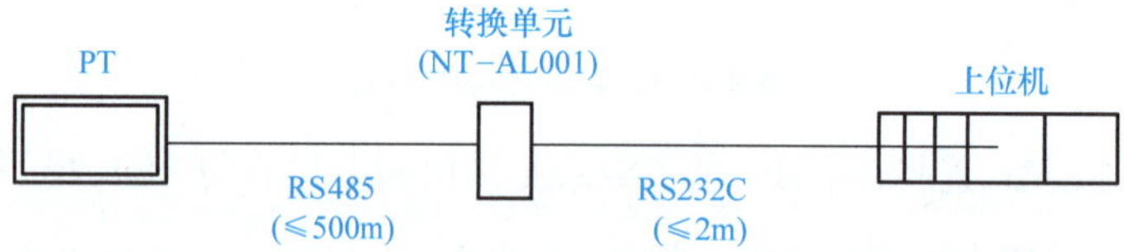

图4-9　PT的RS485接口与上位机的RS232C接口通过转换单元连接

3）多台 PT 的 RS422A 接口和上位机的 RS232C 接口通过 RS232C/RS422A 转换单元 NT-AL001 以（1∶N）链接方式连接，如图 4-10 所示。这种连接方法与 RS422A 型 NT 链接（1∶N）方式一起使用。

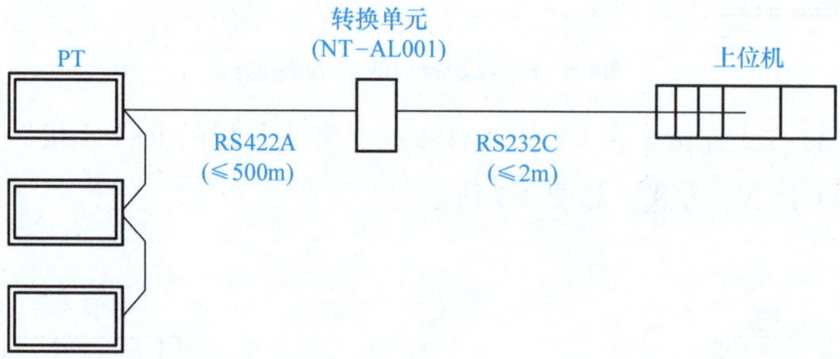

图4-10　多台PT的RS422A接口与上位机的RS232C接口通过转换单元连接

4）多台 PT 的 RS485 接口和上位机的 RS232C 接口通过 RS232C/RS422A 转换单元 NT-AL001 以（1∶N）链接方式连接，如图 4-11 所示。这种连接方法与 RS485 型 NT 链接（1∶N）方式一起使用。

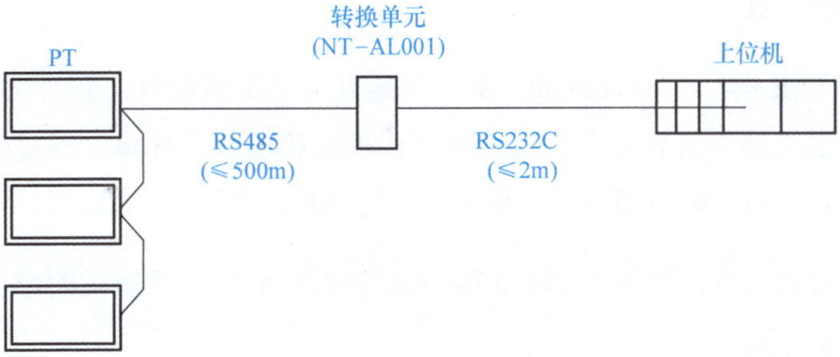

图4-11 多台PT的RS485接口与上位机的RS232C接口通过转换单元连接

4.3.2 触摸屏控制工业机器人运行的组态方法

组态可以理解为工业控制中的图形界面操作系统，一方面连接现场设备，将采集的现场数据存储起来，另一方面通过动画、曲线等方式将现场数据以动态形式体现在图形界面中，操作图形界面即可控制现场设备。

1. 组态软件

组态软件又称组态监控软件或系统软件，其英文全称是 Supervisory Control and Date Acquisition（数据采集与监视控制），缩写为 SCADA。它是指一些数据采集与过程控制的专用软件。用户通过类似“搭积木”的简单方式来满足自己需要的软件功能，而不需要编写计算机程序，也就是所谓的“组态”，有时候也可称为“二次开发”，组态软件就称为“二次开发平台”。组态软件本身不是监控系统，它是用来设计实施监控系统的软件，只是将监控系统中通用的内容封装起来，以各种直观的方式提供给用户使用，用户通过使用组态软件可以轻松地实现各种监控系统。从这个意义上讲，组态软件本身是一个半成品，它是将最复杂的底层操作封装起来，使用户能在此基础上进一步组织，进而实现实际的监控系统。

组态软件按照环境划分，从总体上讲，可分为以下两种：

（1）系统开发环境　系统开发环境是自动化设计工程师为实施其控制方案，在组态软件的支持下进行应用程序的自动生成工作所必须依赖的工作环境。通过建立一系列用户数据文件，生成最终的图形目标应用系统，供系统运行环境运行时使用。系统开发环境由若干个组态程序组成，如图形界面组态程序、实时数据库组态程序等。

（2）系统运行环境　在系统运行环境下，目标应用程序被装入计算机内存并投入实时运行。系统运行环境由若干个运行程序组成，如图形界面运行程序、实时数据库运行程序等。组态软件支持在线组态技术，即在不退出系统运行环境的情况下，可以直接进入组态环境并修改组态，使修改后的组态直接生效。

组态软件按照软件构成划分，其中必备的典型组件如下：

（1）应用程序管理器　应用程序管理器是提供应用程序的搜索、备份、解压缩、建立新应用等功能的专用管理工具。

（2）图形界面开发程序　图形界面开发程序是自动化工程设计工程师为实施其控制方案，在图形编辑器工具的支持下进行图形系统生成工作所依赖的开发环境。通过建立一系列用户数据文件，生成最终的图形目标应用系统，供图形运行环境运行时使用。

（3）图形界面运行程序　在系统运行环境下，图形目标应用系统被图形界面运行程序装入计算机内存并投入实时运行。

（4）实时数据库系统组态程序　有的组态软件只在图形开发环境中增加了简单的数据管理功能，因而不具备完整的实时数据库系统。目前比较先进的组态软件都有独立的实时数据库组件，以提高系统的实时性，增强处理能力。实时数据库系统组态程序是建立实时数据库的组态工具，可以定义实时数据库的结构、数据来源、数据链接、数据处理任务及各种相关的参考参数。

（5）实时数据库系统运行程序　在系统运行环境下，目标实时数据库及其应用系统被实时数据库系统和运行程序装入计算机内存并执行预定的各种数据计算、数据处理任务。

（6）I/O 驱动程序　I/O 驱动程序是组态软件中必不可少的组成部分，用于和 I/O 设备通信，互相交换数据。DDE 和 OPC Client 是两个标准 I/O 驱动程序，用来支持与 DDE 标准和 OPC 标准的 I/O 设备通信。多数组态软件的 DDE 驱动程序被整合在实时数据库系统或图形系统中，而 OPC Client 则多数单独存在。

2. 利用组态软件组建新工程

目前市场上的组态软件主要分为两大类，一类是一些工控厂家提供的配套产品，如 Foxboro、CIMPLICITY、Rockwell、WinCC 等，但由于它们不是专业的组态软件生产商，因此也存在一些局限性，例如：对设备厂家硬件接口的支持程度有限，功能不完善，软件开发环境相对封闭，灵活性较差。还有一类就是专业的工控软件厂家推出的组态软件，例如 Wonderware 和 iFix 等，它们的特点是几乎能够支持所有有一定知名度厂家的设备，而且开发工具完善，功能丰富。国内也有一些针对中文的组态软件，如 MCGS 组态王和力控等。

组态软件虽然有很多种类，但是大部分组态软件都能完成类似的功能：①采用类似资源浏览器的窗口结构；②能对工业控制系统中的各种资源（设备、标签量、画面、控制流程等）进行配置和编辑；③提供多种数据设备驱动程序；④使用脚本语言提供二次开发的功能等。

组建新工程的一般过程如下：

（1）工程项目系统分析　分析工程项目的系统构成、技术要求和工艺流程，弄清系统的控制流程和监控对象的特征，明确监控要求和动画显示方式，分析工程中的设备采集及输出通道与软件中实时数据库变量的对应关系，分清哪些变量是要求与设备连接的，哪些变量是软件内部用来传递数据及显示动画的。

（2）工程立项搭建框架　搭建框架的主要内容包括：定义工程名称、封面窗口名称和启动窗口（封面窗口退出后接着显示的窗口）名称，指定存盘数据库的名称以及存盘数据库，设定动画刷新的周期。经过此步操作，建立了由五部分组成的工程结构框架。封面窗口和启动窗口也可等到建立了用户窗口后再建立。

（3）设计菜单基本体系　为了对系统运行的状态及工作流程进行有效的调度和控制，通常要在主控窗口内编制菜单。编制菜单可分两步进行，第一步是搭建菜单的框架，第二步是对各级菜单命令进行功能组态。在组态过程中，可根据实际需要，随时对菜单的内容进行增加或删除，不断完善工程的菜单。

（4）制作动画显示画面　动画制作分为静态图形设计和动态属性设置两个过程。前一部分类似于“画画”，用户通过组态软件中提供的基本图形元素及动画构件库，在用户窗口内“组合”成各种复杂的画面。后一部分则设置图形的动画属性，与实时数据库中定义的变量建立相关性的链接关系，作为动画图形的驱动源。

（5）编写控制流程程序　在运行策略窗口内，从策略构件箱中选择所需功能策略构件，构成各种功能模块（称为策略块），由这些模块实现各种人机交互操作。组态软件还为用户提供了编程用的功能构件（称为“脚本程序”功能构件），使用简单的编程语言编写控制程序。

（6）完善菜单按钮控制　完善菜单按钮控制包括：对菜单命令、监控器件、操作按钮的功能进行组态，实现历史数据、实时数据、各种曲线、数据报表、报警信息输出等功能，建立工程安全机制等。

（7）编写程序调试工程　利用调试程序产生的模拟数据，检查动画显示和控制流程是否正确。

（8）连接设备驱动程序　选定与设备相匹配的设备构件，连接设备通道，确定数据变量的处理方式，完成设备属性的设置。此项操作在设备窗口内进行。

（9）工程完工综合测试　最后测试工程各部分的工作情况，完成整个工程的组态工作，实施工程交接。

第5章 CHAPTER 5 工业机器人工作站系统集成案例

【学习目标】

1. 了解常用工业机器人工作站系统设计方法。
2. 了解常用工业机器人工作站硬件选型方法。
3. 了解常用工业机器人工作站程序设计方法。
4. 了解常用工业机器人工作站现场安装与调试方法。

5.1 弧焊机器人工作站

5.1.1 弧焊机器人工作站任务分析

弧焊机器人是用于进行自动弧焊作业的工业机器人，主要包括熔化极焊接作业和非熔化极焊接作业两种类型。因为工业机器人具有重复定位精度高、速度快、易于实现自动化等特点，所以弧焊机器人在保证焊接作业能够长期、稳定、高效进行的同时，还能够保证产品的焊接质量。

弧焊机器人工作站一般由总控制系统、机器人系统、焊接系统、外围控制系统以及附加部分组成。现在广泛应用的焊接机器人绝大多数属于第一代工业机器人，它的基本工作原理是“示教—再现”。示教就是机器人学习的过程，在这个过程中，操作者需手把手地教机器人做某些动作，而机器人的控制系统会以程序的形式将其记录下来。机器人按照示教时记录下来的程序展现这些动作，就是再现的过程。安装在机器人上的焊枪根据机器人记录下的这些动作，实现精确再现，配合外围设备（如变位机）协同动作，高质量地完成焊接工作。

5.1.2 弧焊机器人工作站系统硬件方案设计

1. 机器人系统的选择

由于弧焊过程比较复杂，工具中心点（TCP）的运动路径、焊枪的姿态、焊接的参数都要求精确控制，所以弧焊用机器人除了需要满足定位精度、工作范围、承载能力和最大工作速度的基本要求外，还要考虑需要使用的焊接方法、摆动功能、焊接节点示教功能、焊接工艺故障自检与自处理功能、引弧和收弧功能等，为应对复杂形状的焊缝，弧焊机器人一般要选择 6 轴的机器人。因此，从工业机器人的通用技术指标和焊接机器人的专门指标考虑，焊接机器人工作站选择 ABB IRB 1410 型工业机器人。其技术指标见表 5-1。

表 5-1　ABB IRB 1410 型工业机器人技术指标

基本参数	机械结构	6 个自由度
	载荷质量	5kg
	定位精度	0.05mm
	安装方式	落地式
	本体质量	225kg
	电源容量	4kW
	最大臂展半径	1.44m
	标准涂色	橘黄色
安装环境	环境温度	5~45℃
	相对湿度	最高 95%
	防护等级	IP54
	噪声水平	最高 70dB

ABB IRB 1410 型工业机器人在弧焊、物料搬运和过程应用领域的应用时间较长，性能卓越，经济效益显著，资金回收周期短。它具有以下优点：

（1）可靠性好，坚固且耐用　ABB IRB 1410 型工业机器人以其坚固可靠的结构而闻名，由此带来的其他优势包括噪声低，例行维护间隔时间长，使用寿命长。

（2）工作稳定，适用范围广　其控制精度达 0.05mm，确保了出色的工作质量。该机器人工作范围大、到达距离长（最长 1.44m）、结构紧凑、手腕极其纤细，即使在条件苛刻、限制颇多的工况，仍能实现高性能操作，如图 5-1 所示。

（3）高速，工作周期较短　机器人本体坚固，配备快速精确的 IRC5 控制器，可有效缩短工作周期，提高生产率。具体参数见表 5-2。

（4）专为弧焊设计　ABB IRB 1410 型工业机器人采用优化设计，设有送丝机走线安装孔，为机械臂搭载工艺设备提供便利。标准 IRC5 型机器人控制器内置各项人性化弧焊功能，可通过示教器进行操控。

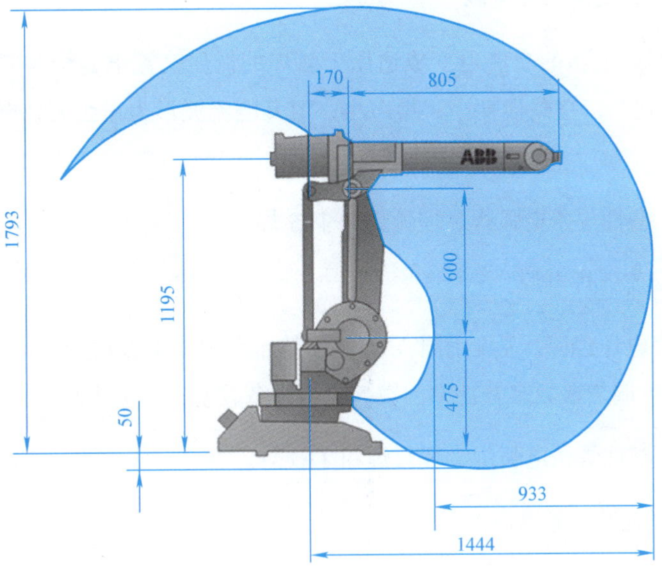

图5-1　ABB IRB 1410型工业机器人的动作范围（单位：mm）

表 5-2　ABB IRB 1410 型工业机器人参数

型号规格			
轴数	6	防护等级	IP54
有效载荷	5kg	安装方式	落地式
到达最大距离	1.44m	机器人底座规格	620mm × 450mm
性能及运动范围			
重复定位精度	0.025mm		
轴序号	动作范围	最大速度	
1 轴	回转：–170° ~ +170°	120（°）/s	
2 轴	立臂：–70° ~ +70°	120（°）/s	
3 轴	横臂：–70° ~ +65°	120（°）/s	
4 轴	腕：–150° ~ +150°	280（°）/s	
5 轴	腕摆：–115° ~ +115°	280（°）/s	
6 轴	腕转：–300° ~ +300°	280（°）/s	
机器人质量	225kg		

2. 焊接电源的选择

弧焊机器人一般较多采用熔化极气体保护焊（MIG 焊、MAG 焊、CO_2 焊）或非熔化极保护焊（TIG 焊、等离子弧焊）方法。本焊接机器人工作站采用 CO_2 焊，主要包括弧焊焊接电源、送丝机和焊枪等。

（1）弧焊电源的分类及特点　按输出的电流分，弧焊电源可分为直流、交流和脉冲三种；按输出外特性特征分，弧焊电源可分为恒流特性、恒压特性和介于这两者之间的缓降特性三种。

1）弧焊变压器式交流弧焊电源。

① 特点：将网路电压的交流电变成适用于弧焊的低压交流电，结构简单，易造易修，耐用，成本低，磁偏吹小，空载损耗小，噪声小；但其电流波形为正弦波，电弧稳定性较差，功率因数低。

② 适用范围：酸性焊条电弧焊、埋弧焊和 TIG 焊。

2）矩形波式交流弧焊电源。

① 特点：网路电压经降压后运用半导体控制技术获得矩形波的交流电，电流过零点极快，其电弧稳定性好，可调节参数多，功率因数高；但设备较复杂，成本高。

② 适用范围：碱性焊条电弧焊、埋弧焊和 TIG 焊。

3）发电机式直流弧焊电源。

① 特点：由柴（汽）油发动机发电而获得直流电，输出的电流脉动小，过载能力强；但空载损耗大，效率低，噪声大。

② 适用范围：各种弧焊。

4）整流器式直流弧焊电源。

① 特点：将网路交流电经降压和整流后获得直流电，与直流弧焊发电机相比，制造方便，省材料，空载损耗小，节能，噪声小，由电子控制的近代弧焊整流器在控制与调节方面灵活方便，适应性强，技术和经济指标高。

② 适用范围：各种弧焊。

5）脉冲型弧焊电源。

① 特点：输出幅值大小周期变化的电流，效率高，可调节参数多，调节范围宽而均匀，热输入可精确控制；设备较复杂，成本高。

② 适用范围：熔化极及不熔化极气体保护焊：MIG 焊、MAG 焊、微束等离子弧焊等；窄间隙厚板焊、超薄板焊；普通板材焊、热敏感性材料焊；全位置焊；单面焊双面成形和封底焊。

（2）数字 IGBT 控制弧焊电源 YD-350GR　本焊接机器人工作站选用松下 YD-350GR 型专用数字式逆变焊接电源，如图 5-2、图 5-3 所示。

松下 YD-350GR 型焊接电源主要焊接对象为碳钢和不锈钢，可实现多种焊丝低飞溅的焊接，具有内置焊接专家数据库、搭载模糊控制机能、标配自动焊专机模拟接口和机器人专用机型等特点，其相关参数见表 5-3。

图5-2　松下YD-350GR型焊接电源

图5-3　松下YD-350GR型焊接电源控制面板

表 5-3　松下 YD-350GR 型焊接电源参数

参　　数	单位	内　　容
控制方式		数字控制 IGBT 连接
额定输入电压 / 相数		AC380V/ 三相
输入电源频率	Hz	50/60
额定输入容量	kV/kW	14.5/14
额定输出电流	A	350
额定输出电压	V	31.5
额定载荷持续率		60%
额定输出空载电压	V	70
输出电流范围	A	30~430（电阻载荷输出能力）
输出电压范围	V	12~35.5（电阻载荷输出能力）
收弧电流范围	A	30~430（电阻载荷输出能力）
收弧电压范围	V	12~35.5（电阻载荷输出能力）
外壳防护等级		IP21S
绝缘等级		H
冷却方式		强制风冷
适用焊丝类型		实芯 / 药芯
适用焊丝直径	mm	实芯 0.8、0.9、1.0、1.2
		药芯碳钢 1.2，药芯不锈钢 0.9、1.2
保护气体		CO_2 焊（CO_2：100%，体积分数，下同）
		MAG 焊（Ar：80%+ CO_2：20%）
		MIG 焊（Ar：98%+ O_2：2%）
质量	kg	50

3. 控制系统的选择

为轻松实现与周边设备的通信，ABB 机器人提供了丰富的 I/O 通信接口。本书第 3 章已经介绍了目前 ABB 机器人常用的标准 I/O 板。ABB 机器人中最常用的标准 I/O 板为 DSQC651，它采用分布式的 I/O 模块，提供 8 个数字量输入、8 个数字量输出和 2 个模拟量输出。

机器人通过 I/O 模块与焊接电源进行通信，通过定义数字量和模拟量输入、输出对焊接参数（焊接气动、电弧监测、保护气监测、送气状态、送丝状态、电流电压信号设定等）进行动态控制。其数字量和模拟量信号对应的焊接参数定义值见表 5-4。

表 5-4　数字量和模拟量信号对应的焊接参数定义值

信号	参数名称	分配地址
do10_1	焊枪开关信号	32
do10_2	手动送气信号	33
do10_3	手动送丝信号	34
do10_4	手动退丝信号	35
do10_5	一工位指示信号	36
do10_6	二工位指示信号	37
do10_7	自动运行指示信号	38
do10_8	焊接指示信号	39
di10_1	一工位预约信号	0
di10_2	二工位预约信号	1
di10_3	工位继续信号	2
di10_4	工位暂停信号	3
di10_5	电流监测信号	4
ao10_1	电流设定信号	0~15
ao10_2	电压设定信号	16~31

4. 焊接机器人工作站其他硬件

如图 5-4 所示，除机器人系统、焊机和控制系统外，焊接机器人工作站硬件系统还包括送丝机、焊枪、焊丝盘、保护气瓶总成、焊接工作台、总控制柜、工作站防护罩、防护面罩以及安全防护装置等。

（1）送丝机　送丝机采用松下 YW-35DG 型高精度数字送丝机，如图 5-5 所示。送丝机安装在机器人轴上，是为焊枪自动输送焊丝的装置。它主要由送丝电动机、压紧机构、送丝滚轮（主动轮和从动轮）等组成。其工作原理是：送丝电动机驱动主动轮旋转，为送丝提供动力，从动轮将焊丝压入送丝轮上的送丝槽内，增大焊丝与送丝轮的摩擦，将焊丝修整平直，平稳送出，使进入焊枪的焊丝在焊接过程中不会出现卡丝现象。

其相关参数见表 5-5。

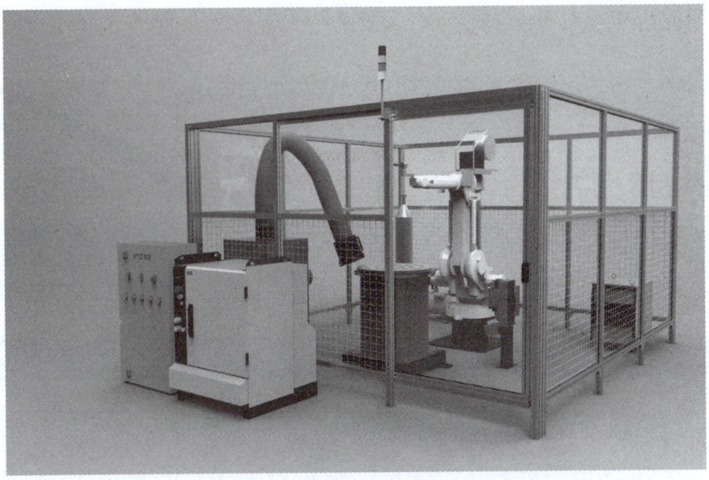

图5-4 焊接机器人工作站现场图

图5-5 松下YW-35DG型高精度数字送丝机

表 5-5 松下 YW-35DG 型高精度数字送丝机参数

参 数	内 容
额定焊接电流	350A
适用丝径	ϕ0.8~ϕ1.2mm
焊丝类型	碳钢实芯和药芯，不锈钢实芯和药芯
送丝速度	10~166m/min
载荷持续率	60%
适用焊接电源	YD-350GR
质量	12kg

（2）焊枪 焊枪利用由焊接电源的大电流、高电压产生聚集在焊枪终端的热量熔化焊丝。熔化的焊丝渗透到需要焊接的部位，冷却后与焊接的物体牢固地连接成一体。

本工作站采用的焊枪型号是松源 350GC 型机器人焊枪，如图 5-6 所示。

350GC 型机器人焊枪为 CO_2 焊枪，带有可换枪颈焊枪系统，具有额定值高、暂载率高等优点；智能接口可实现快速维护和可重复定位功能，缩短停工时间。这种焊枪普遍用于亚洲地区的电弧焊工作。其技术参数见表 5-6。

图5-6　松源350GC型机器人焊枪

表 5-6　松源 350GC 型机器人焊枪技术参数

参　数	内　容
冷却方式	气冷式
额定值	350A（CO_2）
	300A（混合气体 M21）
载荷持续率	100%
焊丝直径	ϕ0.8mm、ϕ1.0mm、ϕ1.2mm
枪颈角度	30°、35°

（3）焊丝盘　焊丝规则地缠绕在焊丝盘上。焊丝盘可安装在机器人轴上，也可安装在地面的焊丝盘架上。本工作站的焊丝盘安装在机器人轴上，如图 5-7 所示。

图5-7　焊丝盘

（4）保护气瓶总成　保护气瓶总成由气罐、气体调节器和 PVC 气管等组成。气体调节器由减压机构、压力表、加热器和流量计等组成。本工作站采用的保护气体是 CO_2，浓度不低于 99.8%。气体调节器采用松下 YX-25CD1HAM 型焊接专用气体调节器，如图 5-8 所示。其参数见表 5-7。

图5-8　松下YX-25CD1HAM型焊接专用气体调节器

表 5-7 松下 YX-25CD1HAM 型焊接专用气体调节器参数

参　数	内　容		
适用气体	焊接用液化 CO_2	焊接用 Ar	液化 CO_2、Ar、MAG（Ar+CO_2）
入口压力	≤ 11.8MPa	≤ 14.7MPa	
调整压力	0.35MPa		
额定气体流量	1~25L/min		
额定载荷持续率	100%		
加热器电源	AC 36V/190W		
加热器电缆长度	3m		
安全阀动作压力	0.56~0.7MPa		
质量	2.1kg		

（5）焊接工作台　焊接工作台是焊接过程中用来固定和夹紧焊件的专用工作台。可根据不同的焊接需要来设计合适的焊接工作台，工厂中常用的是焊接变位机。本工作站对焊接要求不是很高，所以采用最普通的焊接工作台，如图 5-9 所示。

图5-9　焊接工作台

焊接工作台的参数见表 5-8。

表 5-8　焊接工作台参数

参　数	内　容
外形尺寸	700mm×500mm×500mm（表面尺寸）
螺栓	M10mm、M12mm
T 形槽数量	6
T 形槽间距	80mm
质量	125kg

（6）总控制柜　总控制柜主要包括工作站总电源开关、焊接机器人开关、焊接电源开关、

电气元件及各功能按钮，如图 5-10 所示。

5.1.3 弧焊机器人工作站系统软件方案设计

本节介绍的弧焊机器人工作站并没有复杂的外围设备，只需要完成和焊接电源的信号通信，因此软件方面的设计主要集中在机器人的编程上。目前各工业机器人公司的机器人编程语言都不相同。ABB 机器人使用的编程语言是 RAPID，它是 Robotics Application Programming Interactive Dialogue 的首字母缩写。

在 ABB 机器人的程序中，任何焊接程序都必须以 ArcLStart 或者 ArcCStart 开始，必须以 ArcLEnd 或者 ArcCEnd 结束，焊接中间点用 ArcL 或者 ArcC 表示。另外，弧焊指令还包括三个焊接参数：seam、weld 和 weave。

图5-10 总控制柜

1. ArcL指令

ArcL 指令是直接焊接指令，类似于 MoveL 指令，包含以下三个选项：

1）ArcLStart：焊接开始。

2）ArcLEnd：焊接结束。

3）ArcL：焊接中间点。

2. ArcC指令

ArcC 指令是圆弧焊接指令，类似于 MoveC 指令，包含以下三个选项：

1）ArcCStart：焊接开始。

2）ArcCEnd：焊接结束。

3）ArcC：焊接中间点。

3. 弧焊参数seam（数据类型：seamdata）

seam 用于定义起弧和收弧时的相关参数，如图 5-11 所示，其含义见表 5-9。

4. 弧焊参数weld（数据类型：welddata）

weld 用于定义焊接参数，如图 5-12 所示，其含义见表 5-10。

5. 弧焊参数weave（数据类型：weavedata）

weave 用于定义摆动参数，如图 5-13 所示，其含义见表 5-11。

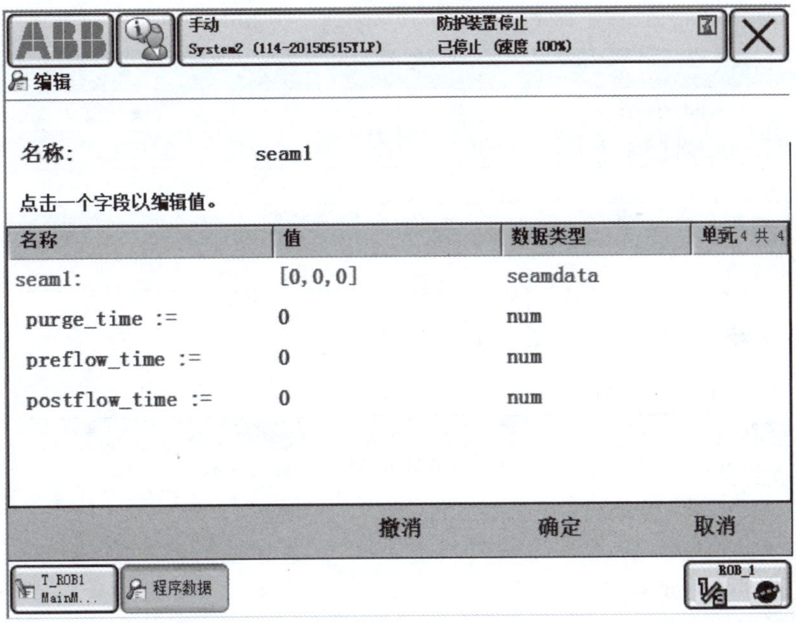

图5-11 seam参数设置界面

表 5-9 seam 参数含义

参　数	含　义
purge_time	保护气体管路的预充气时间
preflow_time	保护气体的预吹气时间
postflow_time	收弧后保护气体的吹气时间（为防止焊缝氧化）

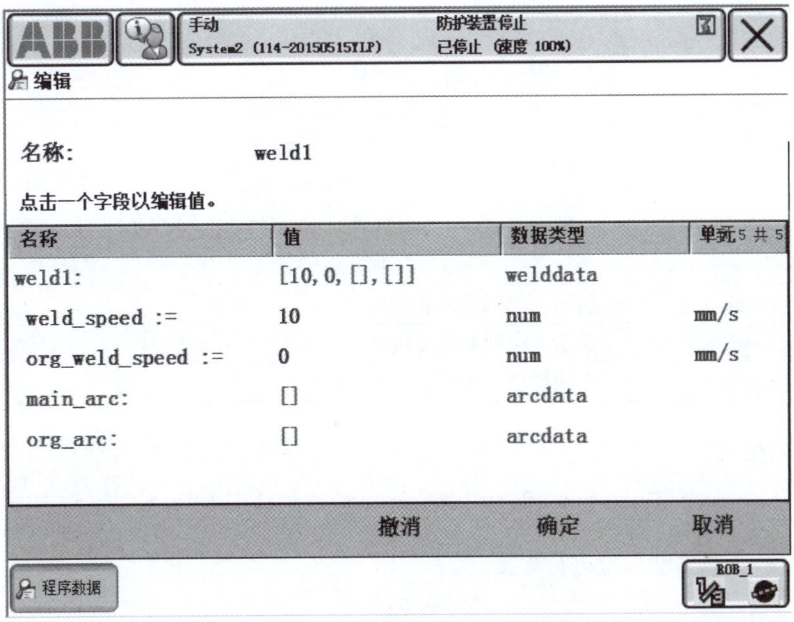

图5-12 weld参数设置界面

表 5-10　weld 参数含义

参　数	含　义
weld_speed	焊接速度
org_weld_speed	焊接电压

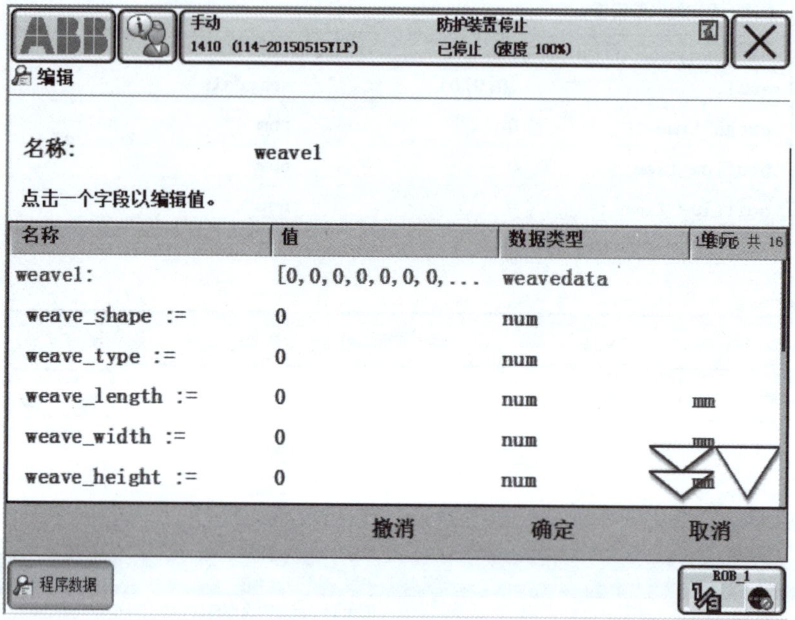

图5-13　weave参数设置界面

表 5-11　weave 参数含义

参　数	含　义	
weave_shape（焊枪摆动类型）	0	无摆动
	1	平面锯齿形摆动
	2	空间 V 字形摆动
	3	空间三角形摆动
weave_type（机器人摆动方式）	0	机器人所有的轴均参与摆动
	1	仅手腕参与摆动
weave_length	摆动一个周期的长度	
weave_width	摆动一个周期的宽度	
weave_height	空间摆动一个周期的高度	

6.典型语句的示例

```
ArcLStart p10, v200, seam1, weld1, fine, tool0;
```

ArcLStart：直线移动焊枪进行焊接。

p10：目标点位置（即起弧位置）。

v200：单步运行时的焊枪移动速度，在焊接过程中被 weld_speed 取代。

fine：zonedata，运行转角数据，但焊接指令中一般均用 fine。

tool0：tooldata，定义工具坐标系参数，一般不用修改。

5.1.4 弧焊机器人工作站系统的安装

弧焊机器人工作站的硬件设备应按照要求，使用合适的管线或电缆连接起来，如图 5-14 所示。

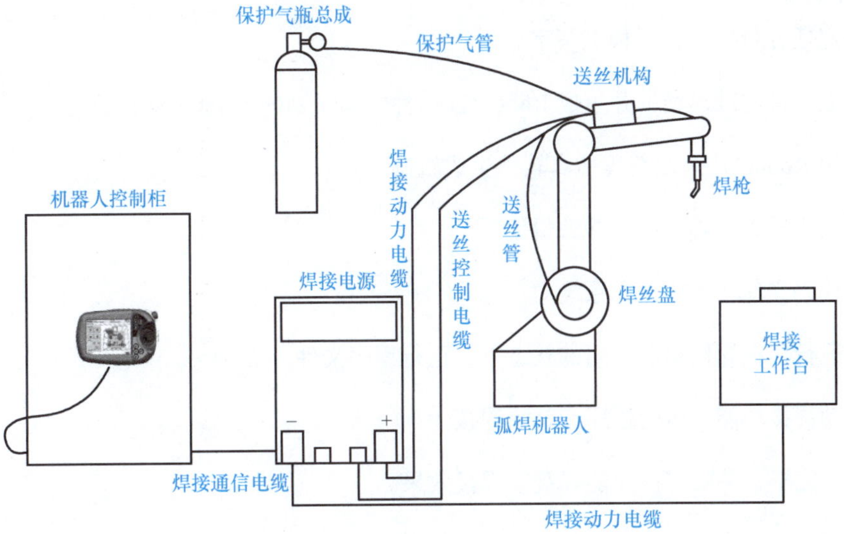

图5-14 弧焊机器人工作站系统图

焊接回路的接线方式有两种：①焊件接焊接电源正极，焊丝（或焊条）接电源负极，称为直流正接法（国外称为直流反极性），焊接过程中电子由焊丝流向焊件；②焊件接负极，焊丝（或焊条）接正极，称为直流反接法（国外称为直流正极性），焊接过程中电子由焊件流向焊丝。直流反接法具有起弧容易、焊接电弧稳定、飞溅小等特点，对于熔化极气体保护焊，除某些特殊情况外，通常采用直流反接的方式。

焊接过程中产生的飞溅、噪声、弧光等会对身体造成一定的危害，因此弧焊工作站除了安装有必要的安全护栏外，还要合理安排工作站中各硬件设备的摆放位置，具体如图 5-15 所示。在机器人的工作区域内，除了必要的焊接工作台外，其余设备均应远离该区域放置。用于储存焊接保护气体的气瓶是使用普遍、流动性大的压力容器，在使用过程中需要防止气瓶直接受热，并且避免气瓶受到剧烈振动和碰撞冲击。因此，气瓶除了应远离焊接工作区域外，还应有专用的气瓶放置架来固定。

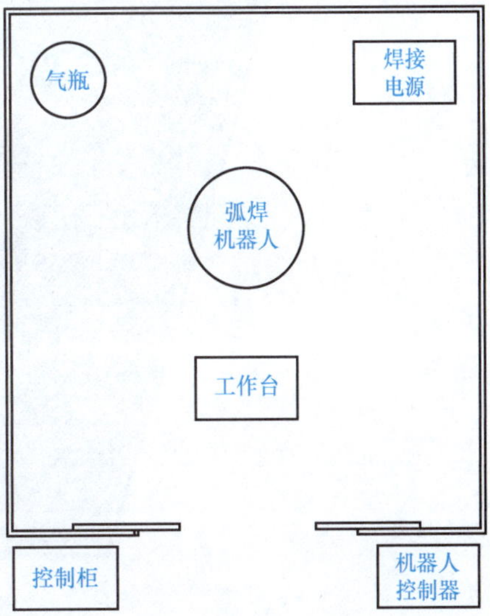

图5-15 弧焊机器人工作站现场布置图

5.1.5 弧焊机器人工作站的仿真、离线编程以及调试

在平板表面进行堆焊是最简单的焊接方式，无论是手工操作还是自动焊接，都是最容易实现的。用 RobotArt 离线编程仿真软件生成堆焊轨迹，然后将代码导入机器人系统中，可在平板上实现现场堆焊。

1. 操作流程

1）确定任务目标：在平板上写字。

2）建立工件三维模型，并生成 RobotArt 软件能够识别的“.ics”格式的文件。

3）使用 RobotArt 离线编程仿真软件生成轨迹。

4）生成机器人代码文件，并编辑代码。

5）将代码文件导入机器人系统中。

6）试运行，在焊接功能关闭的状态下，运行程序文件。

7）启动焊接功能，运行程序，开始焊接。

8）焊接完毕，关闭焊接功能并观察焊接效果。

2. 工作站的仿真与离线编程操作

1）建立工件的三维模型，使用三维软件建模时，先保存为“.stp”格式的文件，然后在 RobotArt 软件中打开并另存为“字体 .ics”文件，如图 5-16 所示。

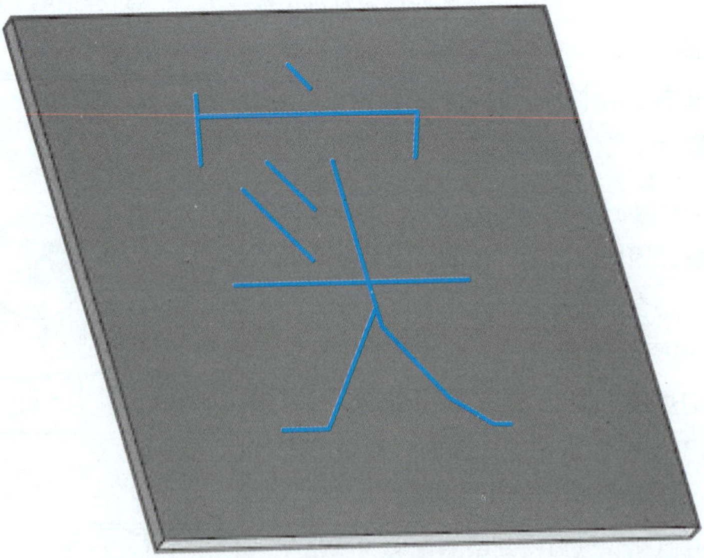

图5-16 工件的三维模型

2）用鼠标左键双击桌面上 RobotArt 软件的快捷方式图标，打开软件，初始界面如图 5-17 所示。

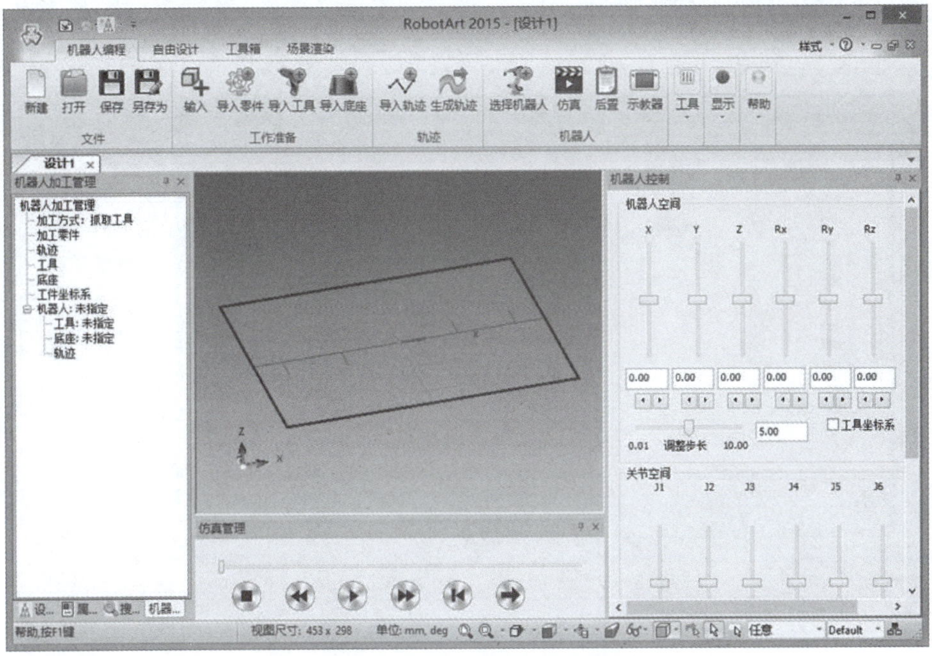

图5-17 RobotArt软件初始界面

3）导入底座，单击工具栏中的“导入底座”图标，如图 5-18 所示。

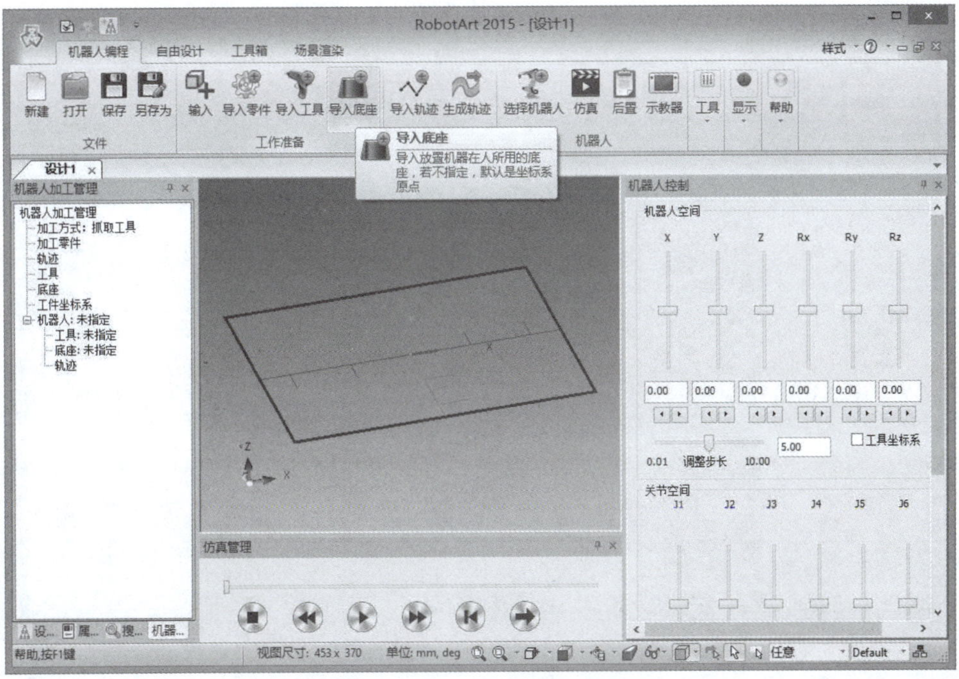

图5-18 单击“导入底座”按钮

4）双击“SeatCylinder”，然后单击“打开”按钮，如图 5-19 所示。

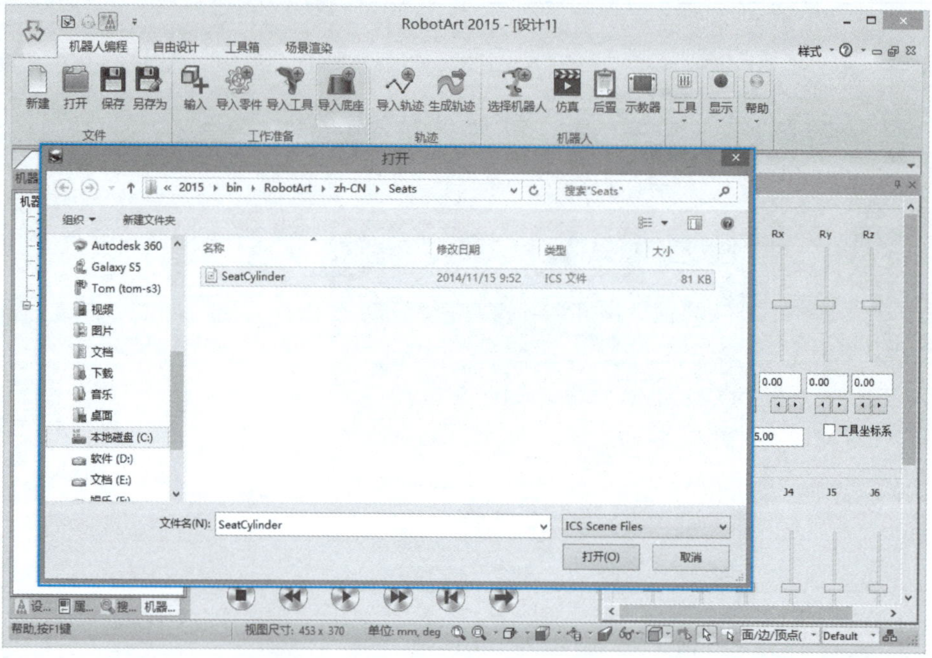

图5-19　导入底座操作

5）底座导入成功，如图 5-20 所示。

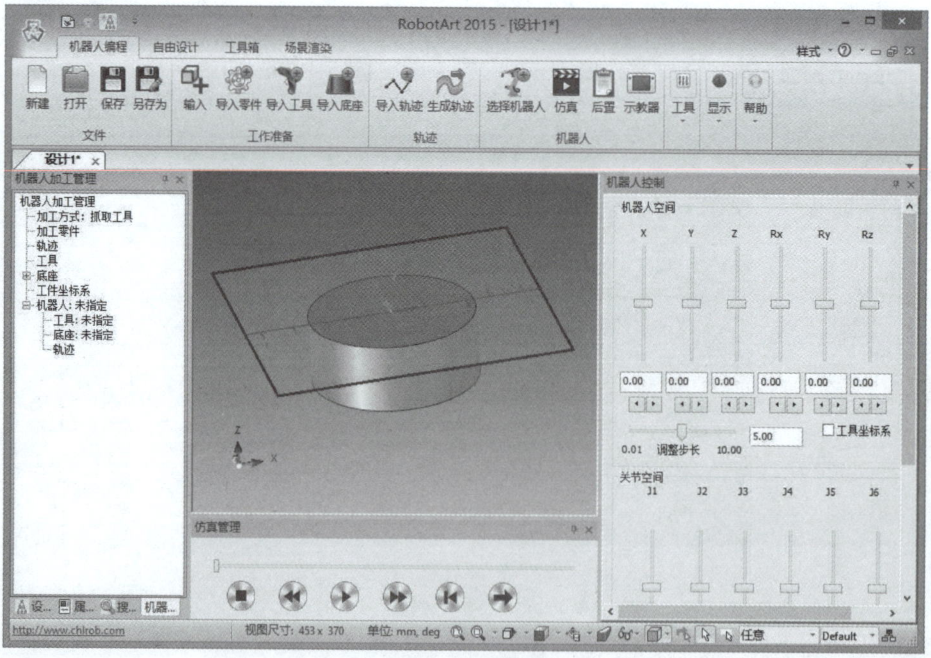

图5-20　底座导入成功

6）添加机器人，单击工具栏中的“选择机器人”按钮，如图 5-21 所示。

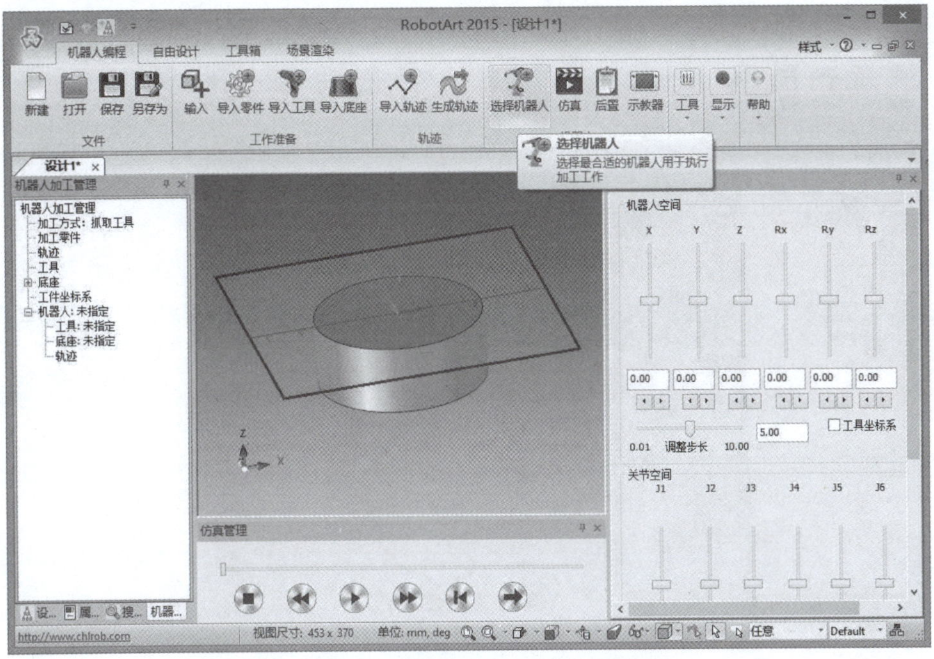

图5-21 单击“选择机器人”按钮

7）选择“ABB-IRB1410”，单击“插入机器人模型”，如图 5-22 所示。

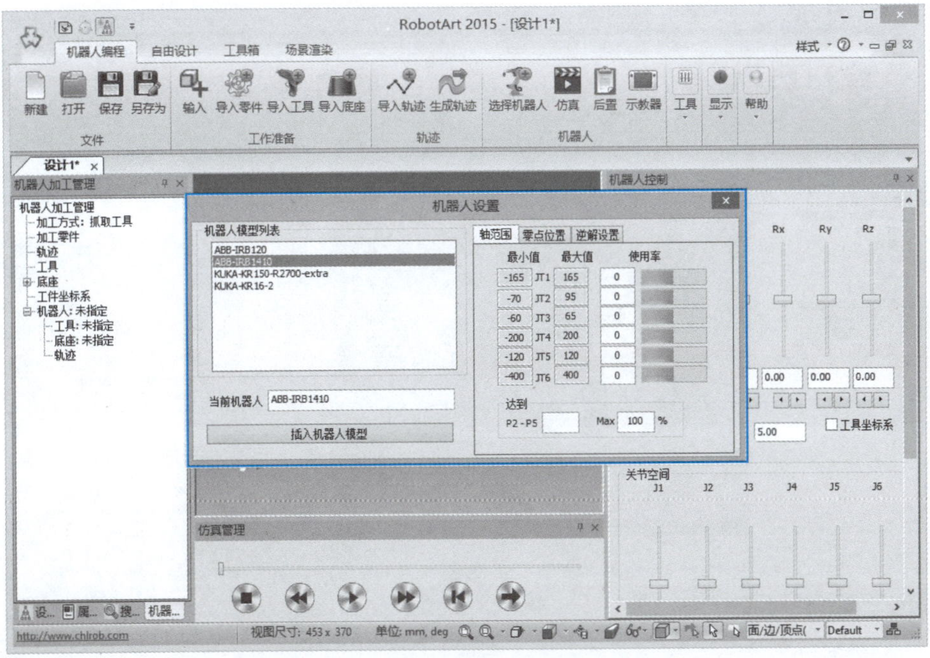

图5-22 插入机器人模型操作

8）机器人模型插入成功，如图 5-23 所示。

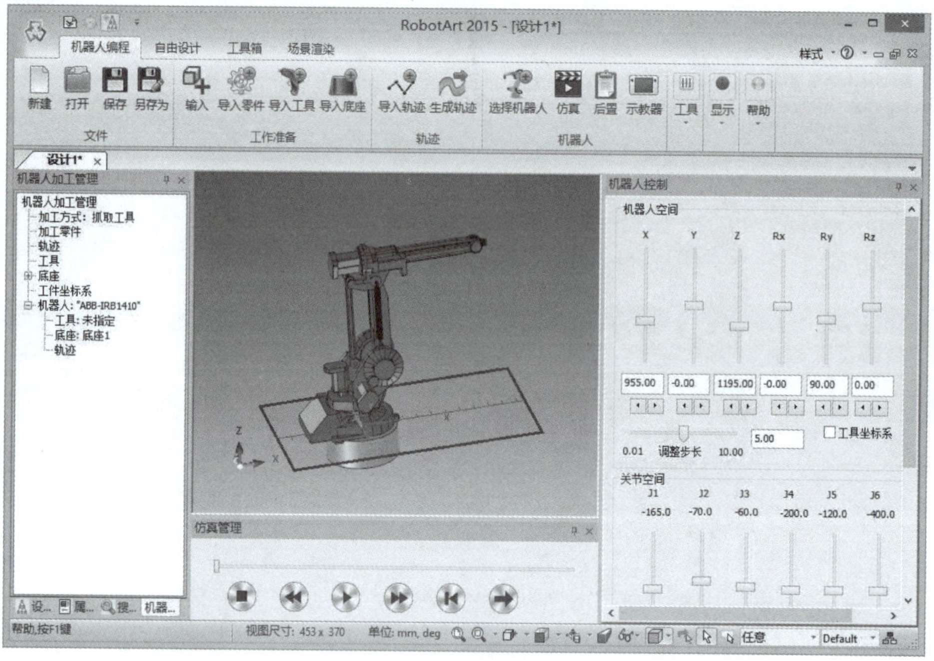

图5-23　机器人模型插入成功

9）导入工具，单击工具栏中“导入工具”按钮，如图 5-24 所示。

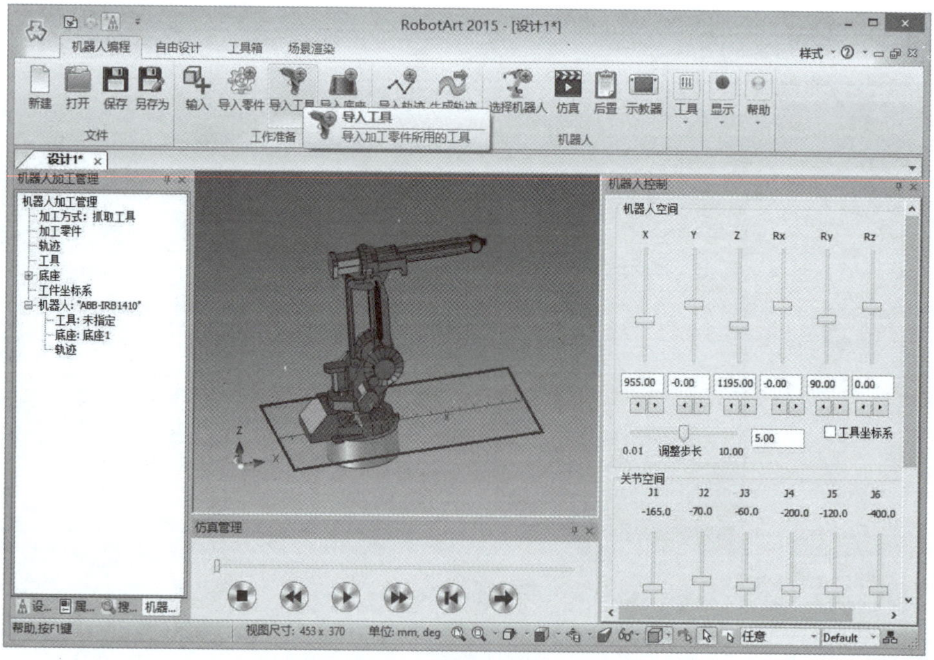

图5-24　单击“导入工具”按钮

10）选择工具“焊枪”，单击“打开”按钮，如图 5-25 所示。

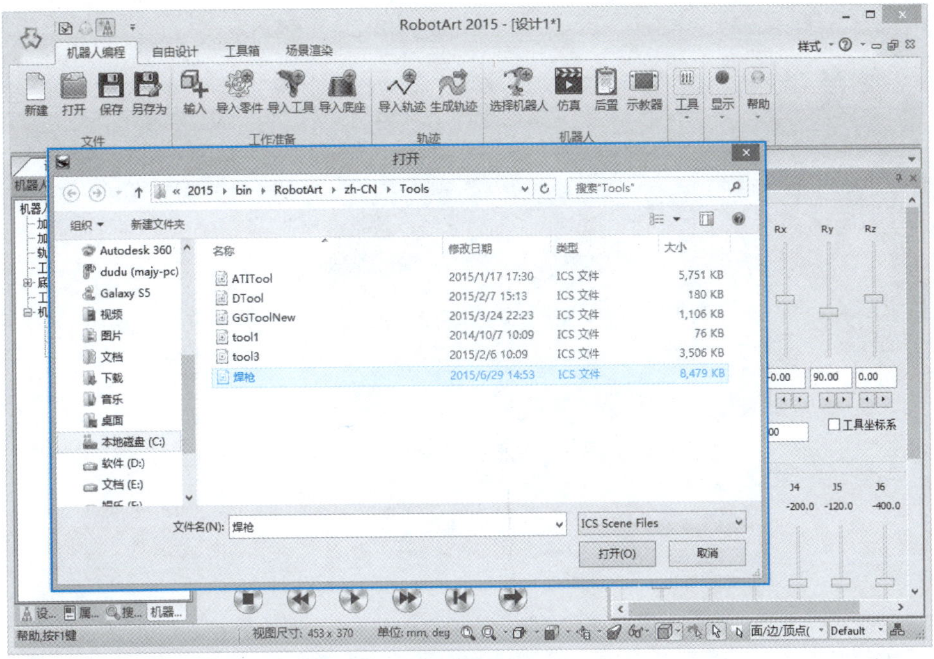

图5-25 选择工具“焊枪”

11）导入工具成功，如图 5-26 所示。若添加附着点成功，工具会自动与第六轴法兰盘相连。

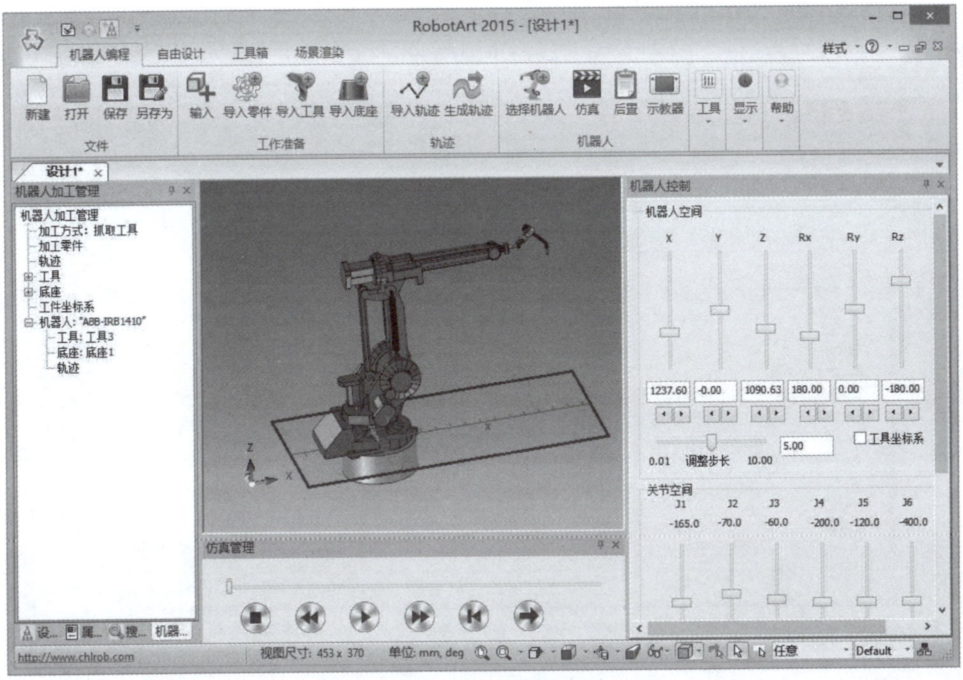

图5-26 导入工具成功

12）导入工件，单击工具栏“导入零件”按钮，如图 5-27 所示。

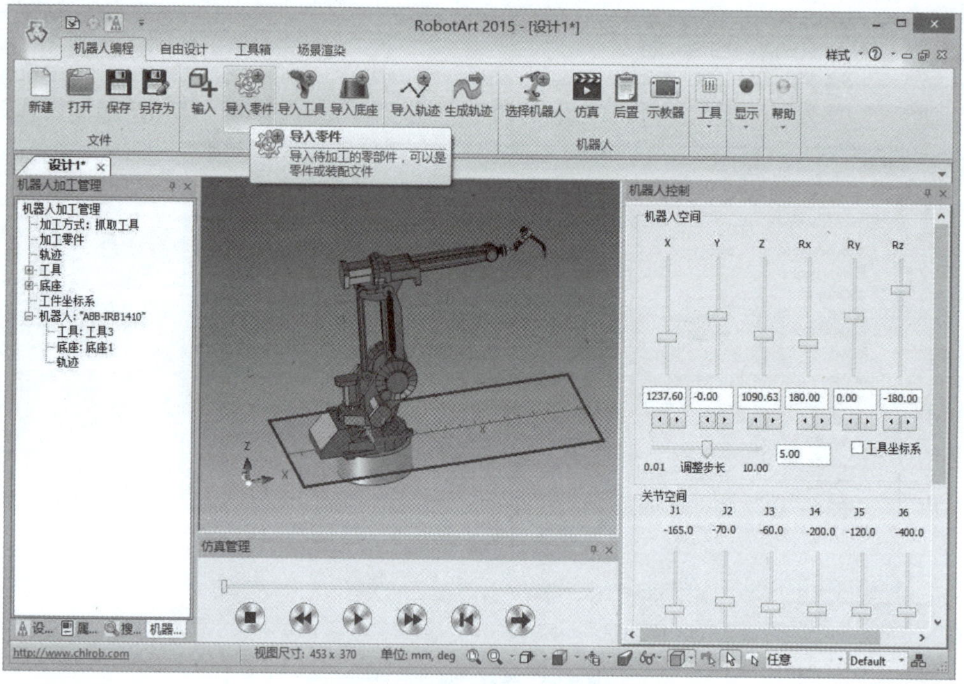

图5-27 单击“导入零件”按钮

13）选择“字体”文件，单击“打开”按钮，如图 5-28 所示。

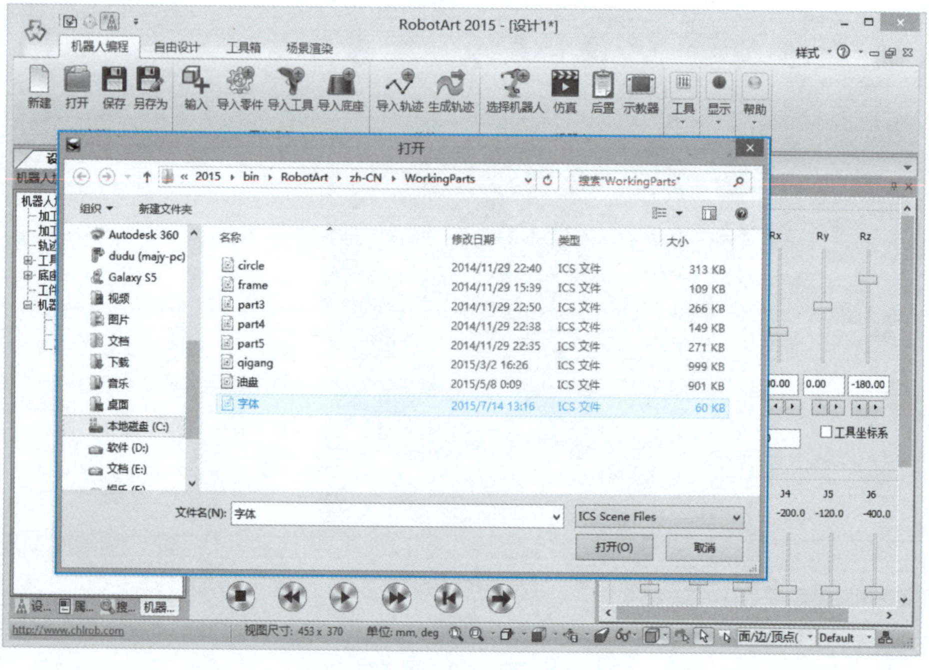

图5-28 选择“字体”文件

14）导入零件成功，这时零件被添加到机器人基座原点位置，需要移动零件，以便更好地操作，如图 5-29 所示。

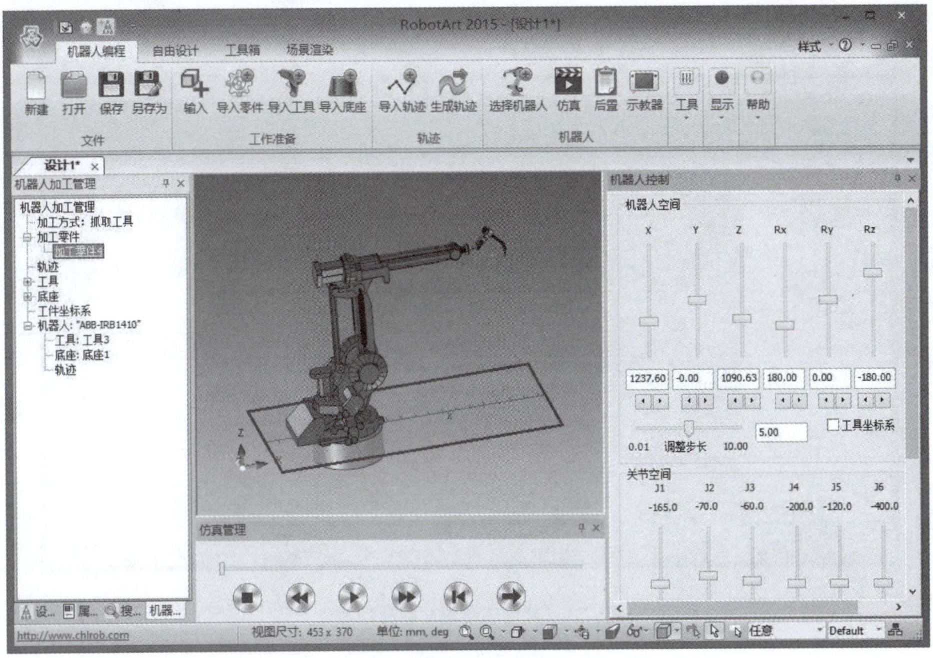

图5-29　导入零件成功

15）移动零件位置，在软件界面左侧“机器人加工管理”中选择“加工零件 4”，然后单击菜单栏中“三维球”按钮，如图 5-30 所示。

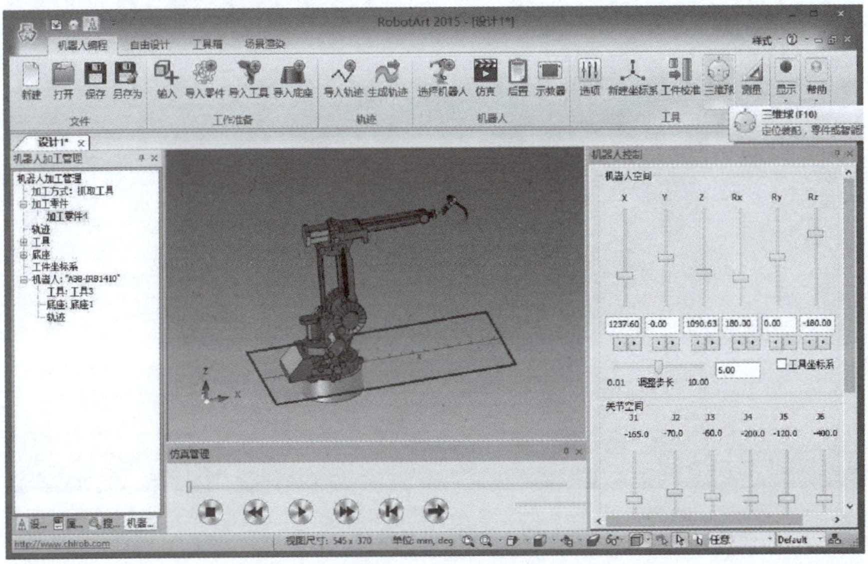

图5-30　单击“三维球”按钮

16）水平移动零件一段距离，如图 5-31 所示。

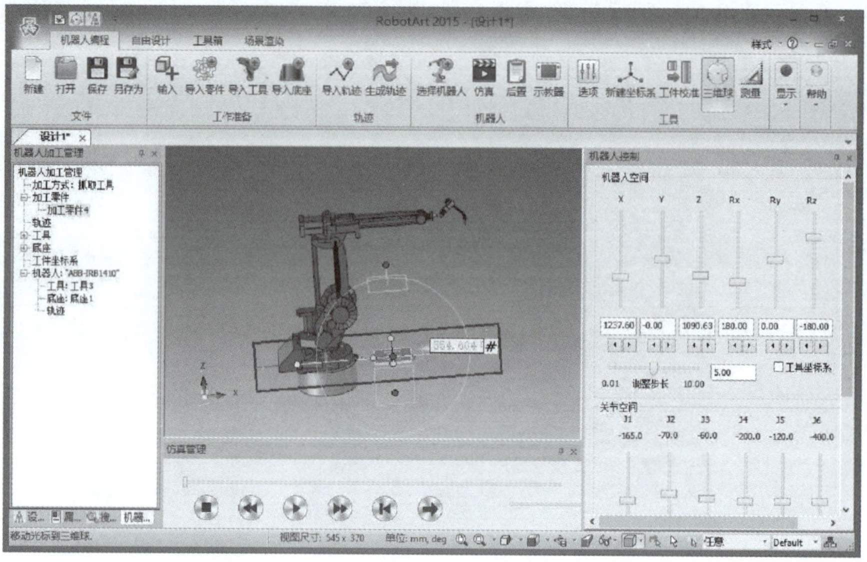

图5-31　利用三维球功能移动零件

17）工件校准，单击菜单栏中“工件校准”按钮，如图 5-32 所示。

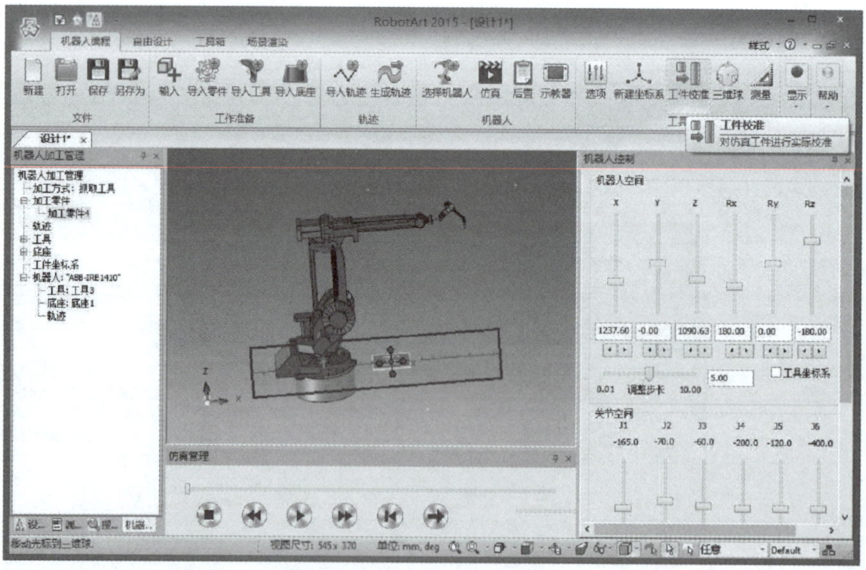

图5-32　单击“工件校准”按钮

18）在弹出的“工件校准”对话框的“设计环境”中，单击“指定”按钮，在零件模型上拾取三个不在同一条直线上的点，每个点的坐标会自动识别填充到指定位置，如图 5-33 所示。

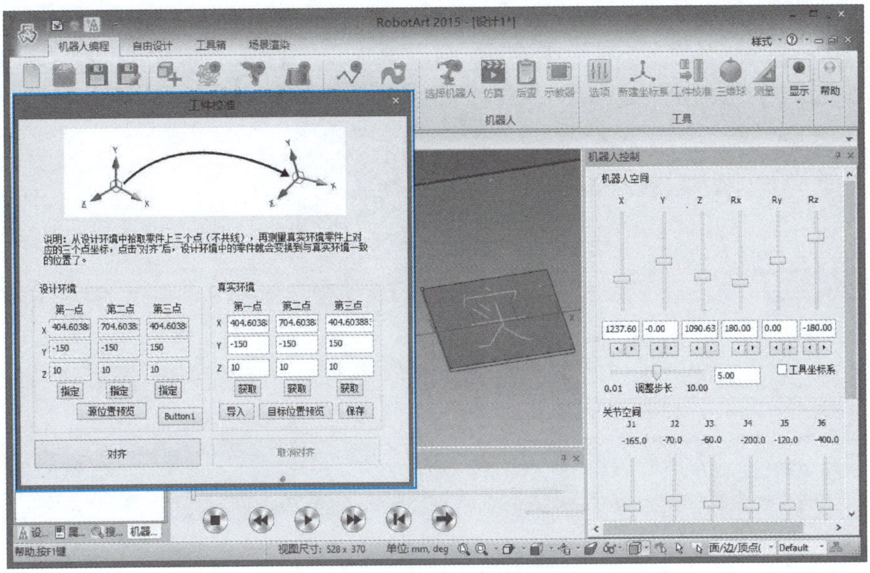

图5-33　“工件校准”对话框

19）手动操作机器人，将工具末端点按照零件模型拾取三点的位置顺序分别对准到实际零件的位置，并分别记录下每个点的坐标值，然后在“工件校准”对话框的“真实环境”中手动输入这些坐标值，如图 5-34 所示。

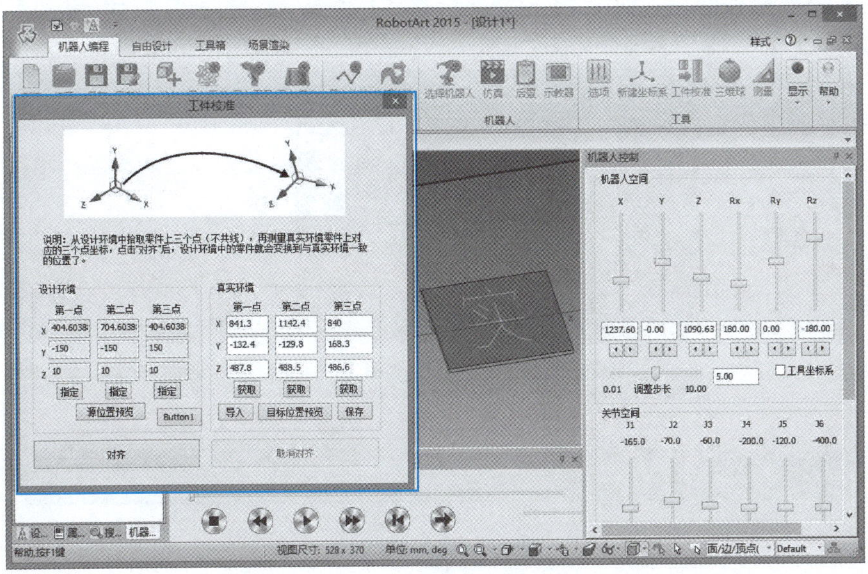

图5-34　手动输入坐标值

20）单击“对齐”按钮，零件模型会自动校准到准确位置，如图 5-35 所示。

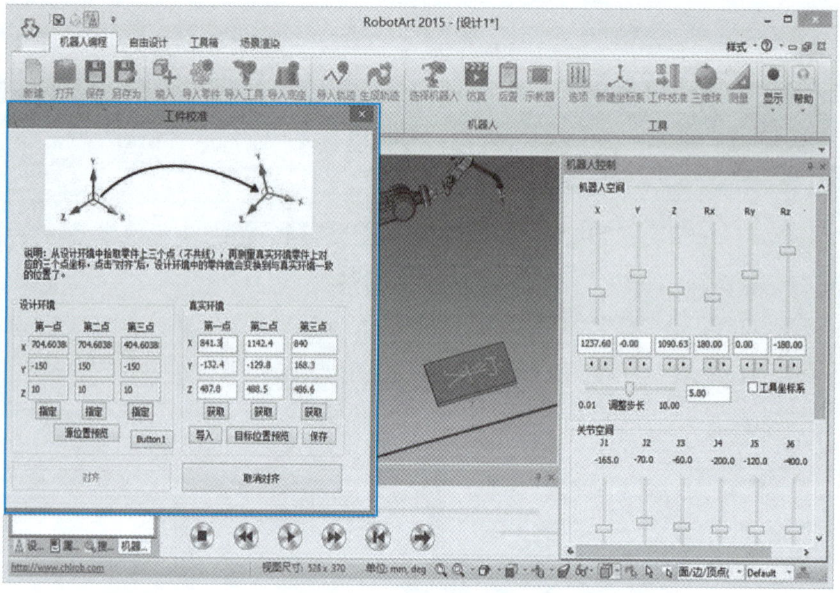

图5-35　零件模型自动校准

21）零件校准完成，如图 5-36 所示。

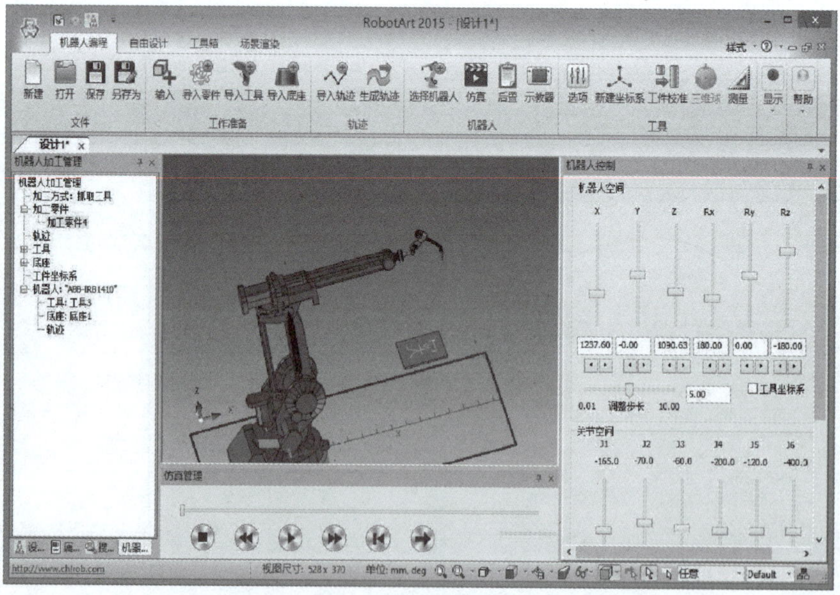

图5-36　零件校准完成

22）生成轨迹，单击工具栏中“生成轨迹”按钮，如图 5-37 所示。

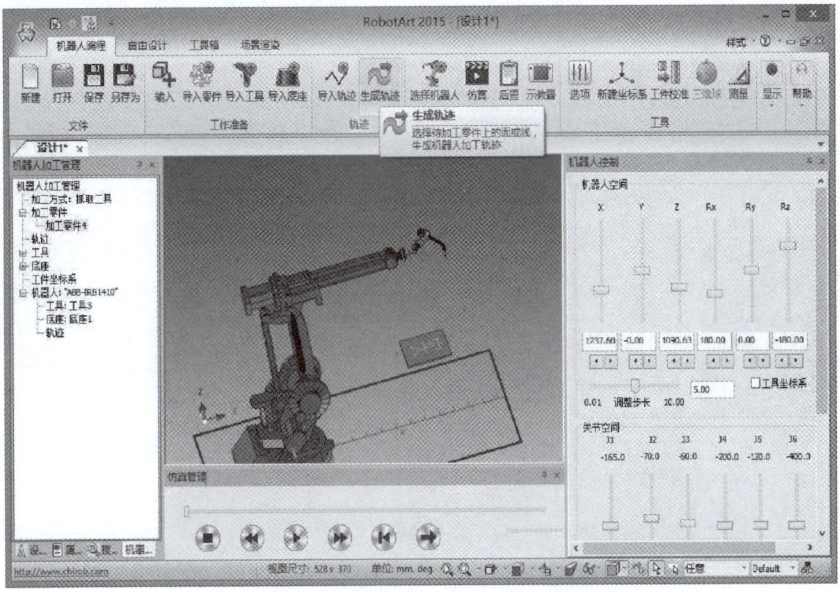

图5-37　单击“生成轨迹”按钮

23）在“属性”栏的“类型”下拉菜单中选择“曲线特征”，如图 5-38 所示。

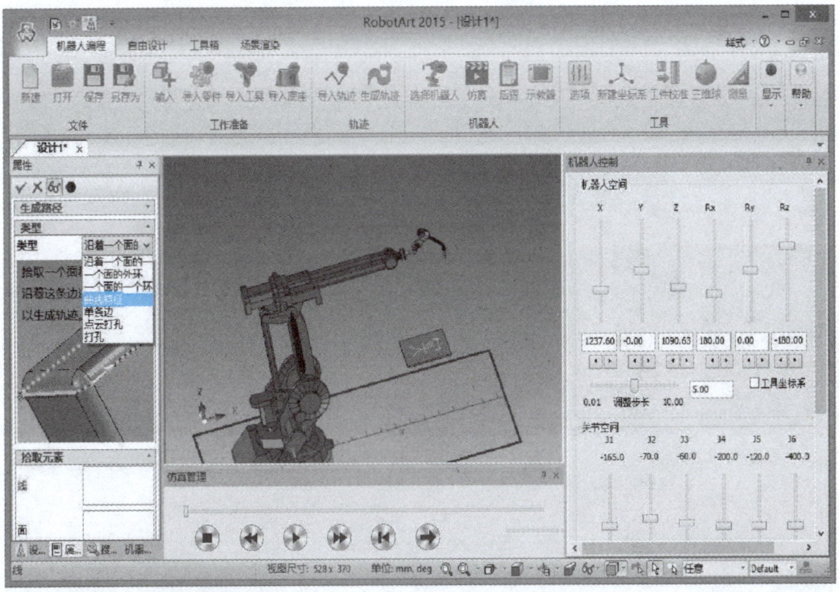

图5-38　“曲线特征”设置界面

24）在“拾取元素”栏中单击“线”图框，选中“实”字图层，如图 5-39 所示。

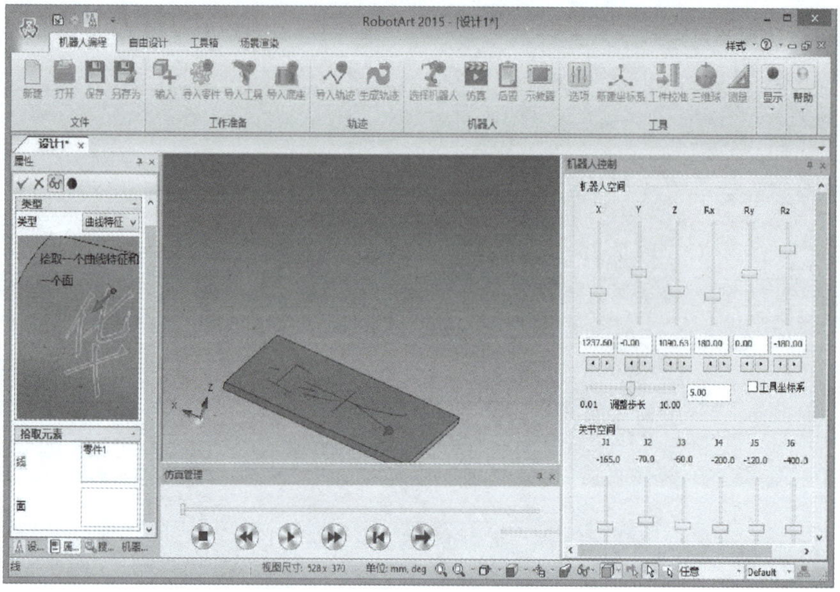

图5-39　选中“实”字图层

25）在“拾取元素”中单击“面”图框，选中“实”字所在的面，如图 5-40 所示。

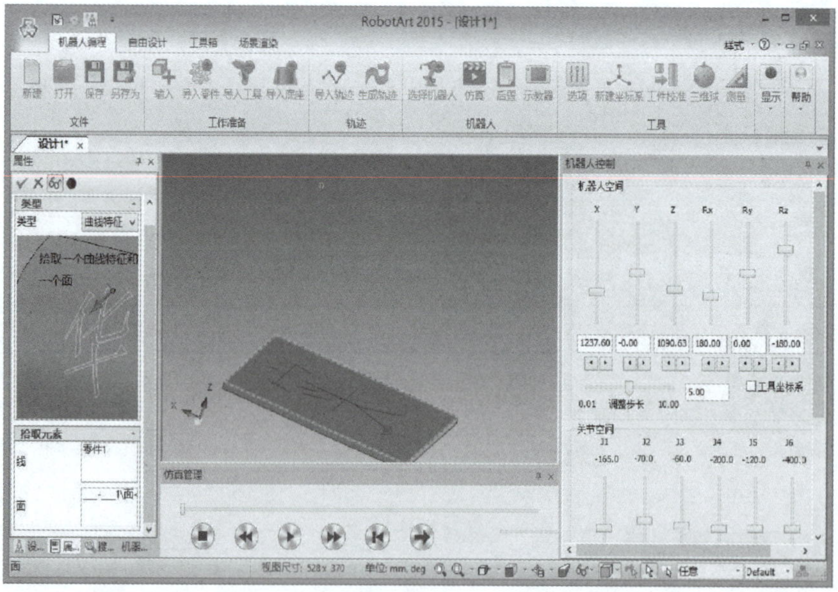

图5-40　选中“实”字所在的面

26）单击按钮，如图 5-41 所示。

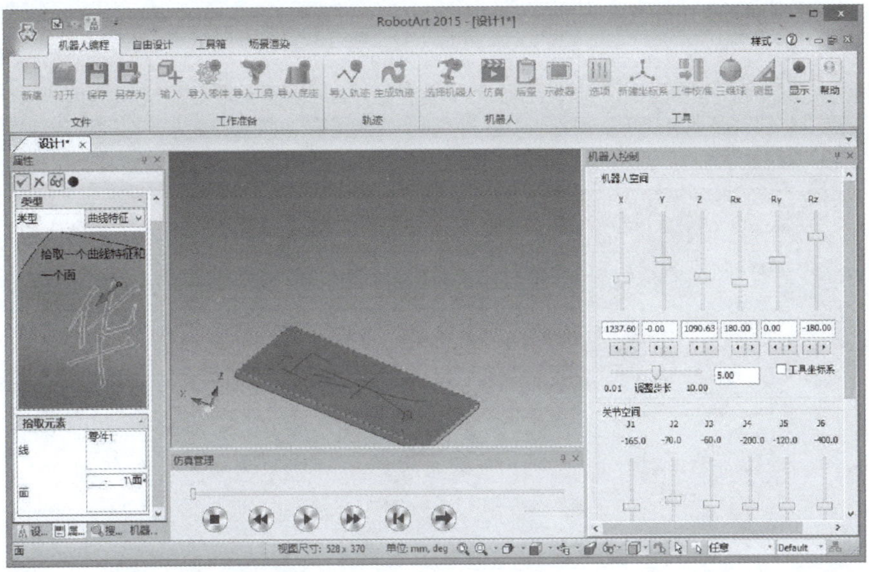

图5-41　确定

27）生成轨迹，如图 5-42 所示。

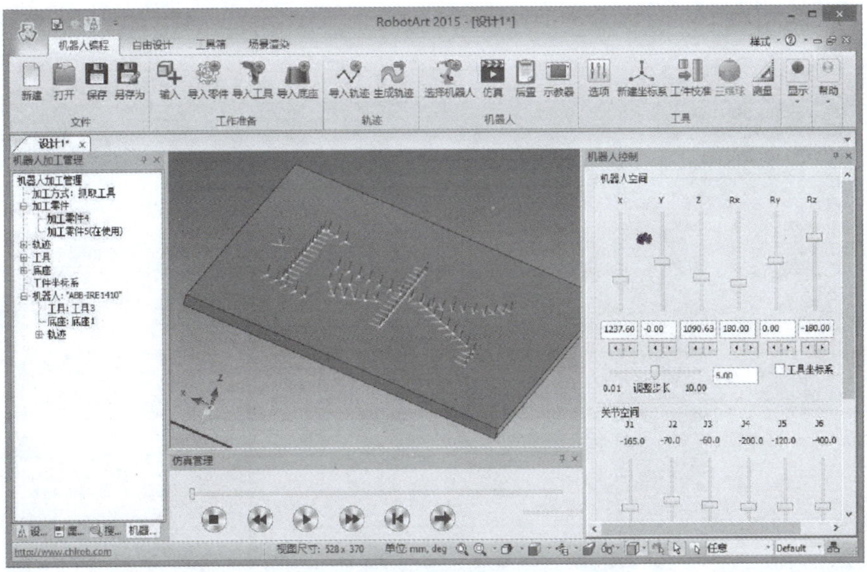

图5-42　生成轨迹

28）轨迹生成后，需要调整机器人姿态，右键单击“加工轨迹 6”，选中“选项”，如图 5-43 所示。

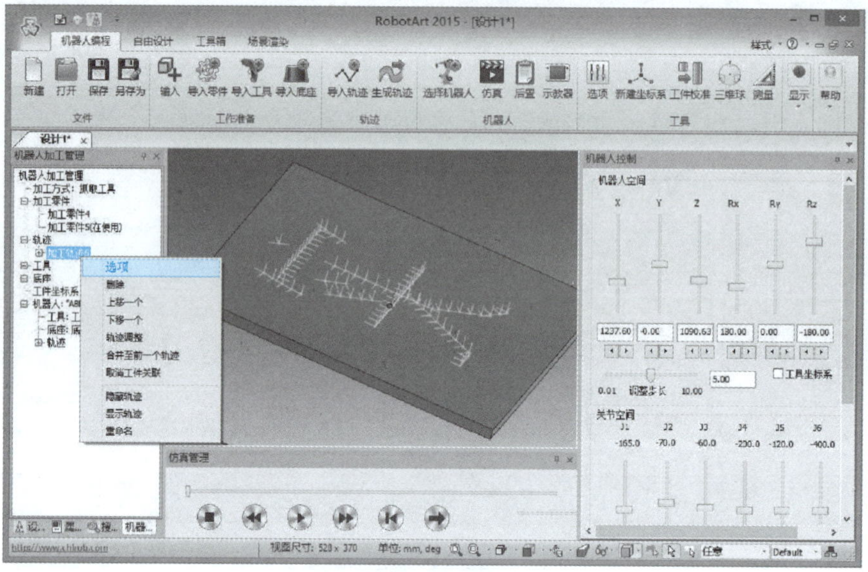

图5-43　调整机器人姿态

29）在弹出的“选项”对话框的“点的方向”中，选择“Z 轴旋转固定”和“X 轴向后”，在“偏移量”的“沿 Z 轴旋转”文本框中输入“90°”，如图 5-44 所示。

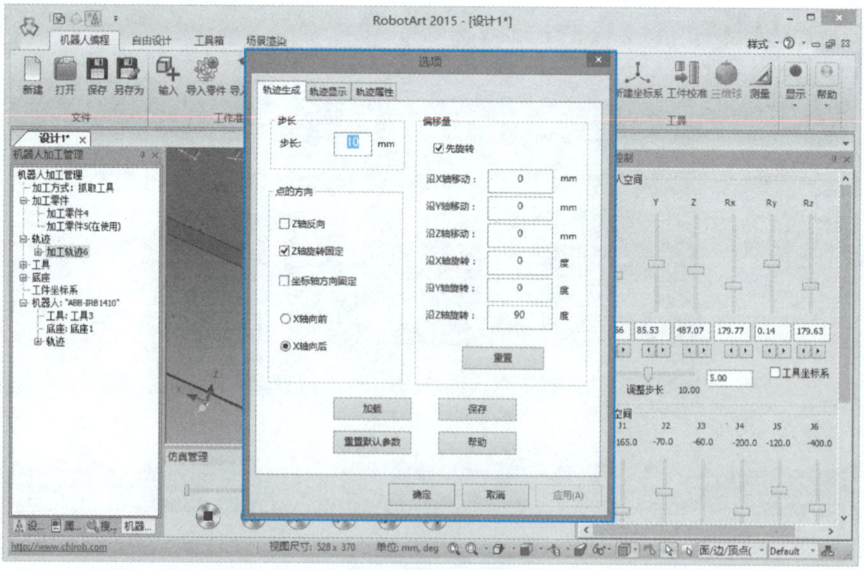

图5-44　沿Z轴旋转90°

30）单击“确定”按钮，此时可以看到轨迹点的坐标方向有所变化，如图 5-45 所示。

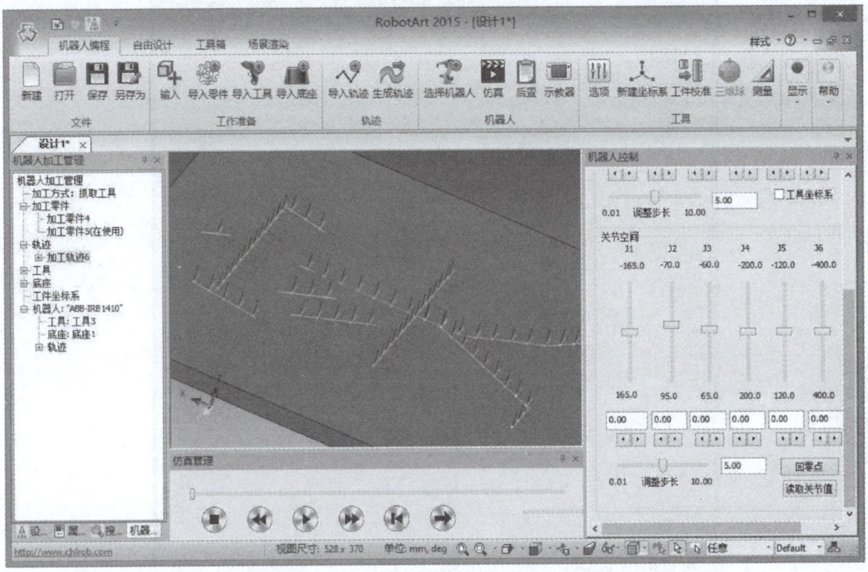

图5-45 调整后坐标方向的变化

31）设置 TCP，在“机器人加工管理”栏中右键单击“工具：工具 3”，选择“TCP 设置”，如图 5-46 所示。

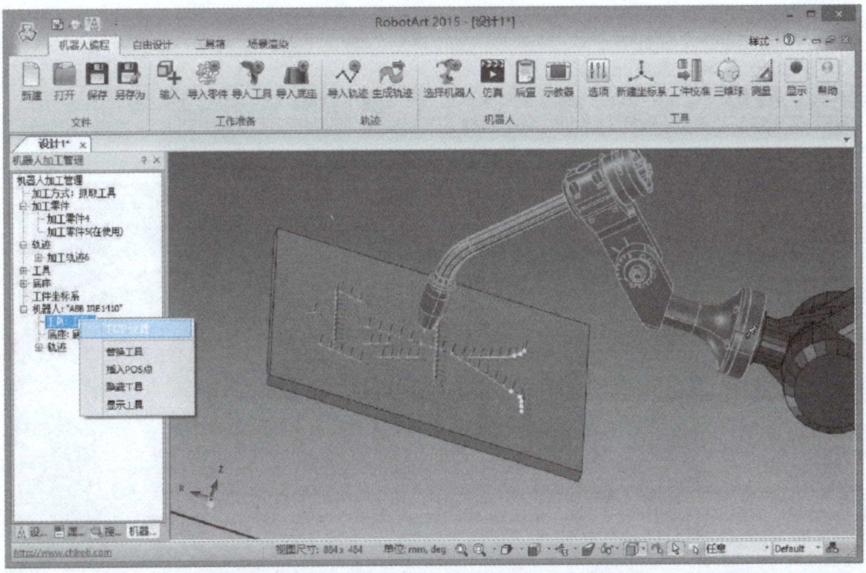

图5-46 选择“TCP设置”

32）输入实际设定的 TCP 值和 Q1~Q4 值，然后单击“应用”按钮，如图 5-47 所示。

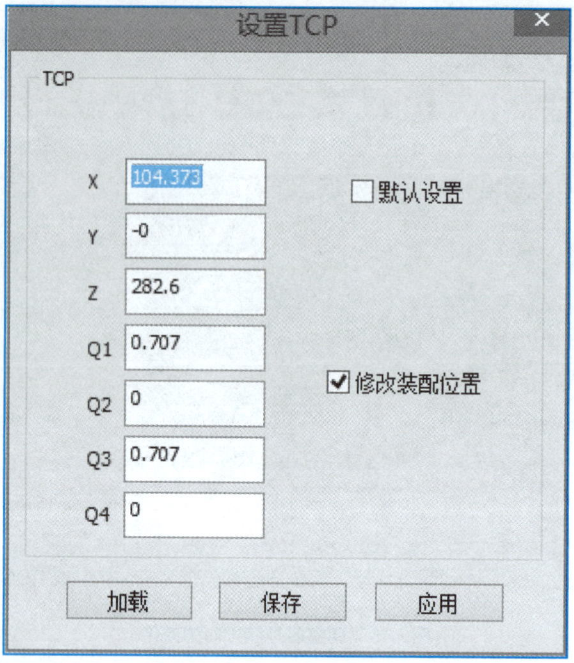

图5-47 输入实际设定的TCP值

33）进行机器人运动仿真。轨迹姿态调整好后，需要进行离线仿真，在工具栏中单击“仿真”按钮，如图 5-48 所示。

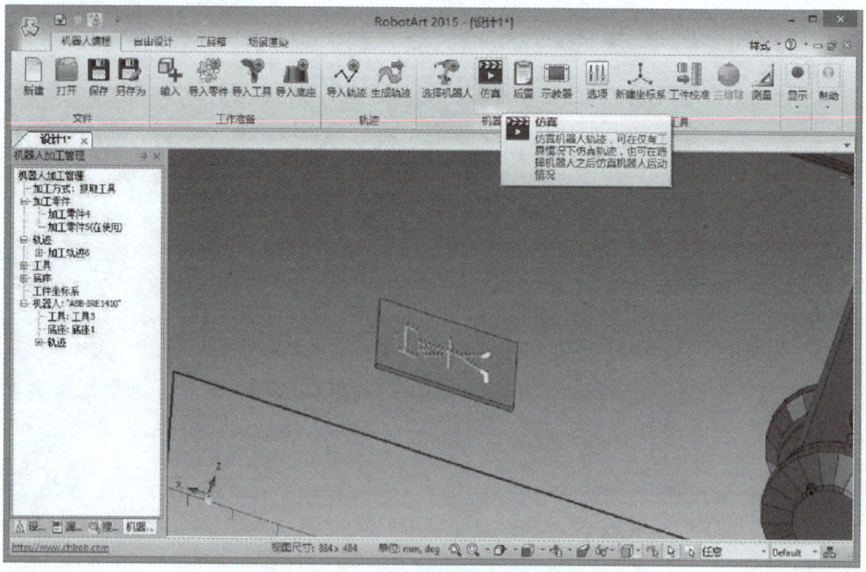

图5-48 单击“仿真”按钮

34）在“仿真管理”中单击“开始”按钮，如图 5-49 所示。

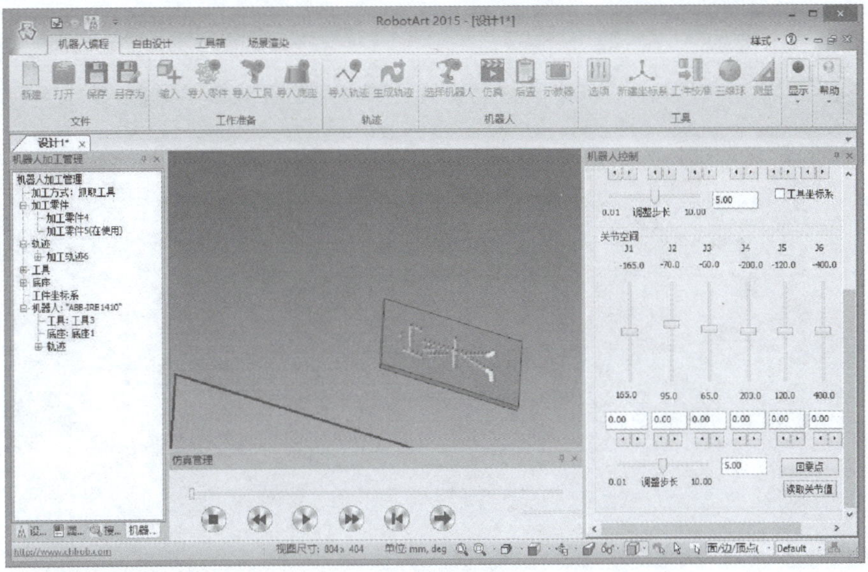

图5-49 开始仿真

35）工具末端会带着机器人沿生成的轨迹运动，如图 5-50 所示。

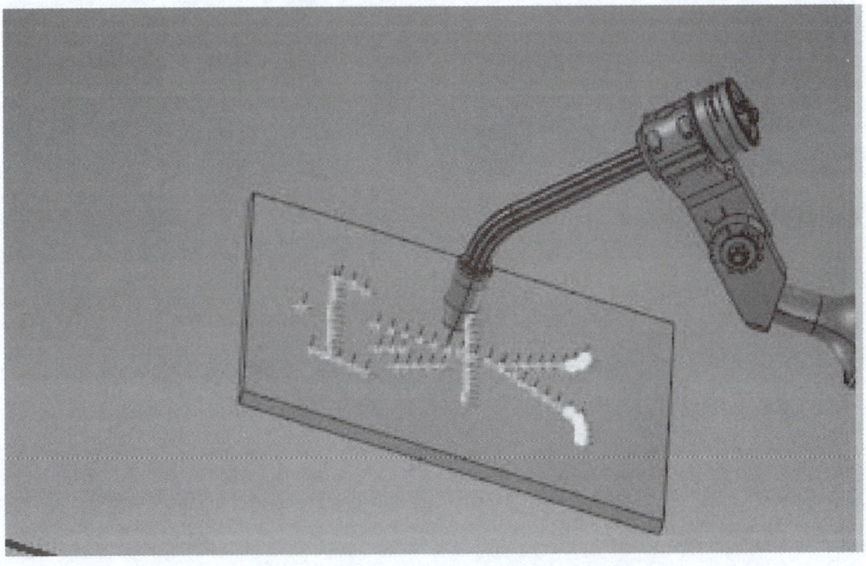
图5-50 工具末端带着机器人沿轨迹运动

36）插入 POS 点，机器人在焊接作业前和作业后分别要有作业临近点和焊枪规避点，在“加工轨迹 6”中右键单击第一个点，选择“运动到点”，如图 5-51 所示。

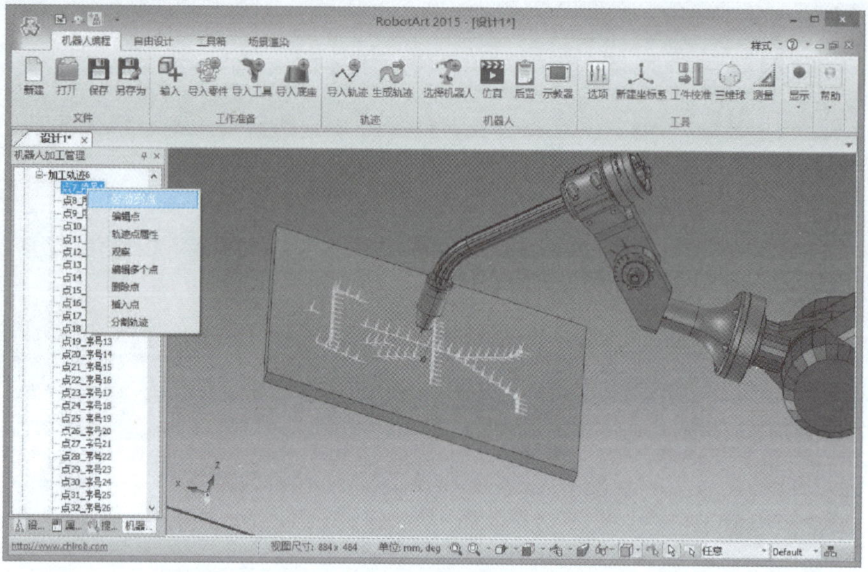

图5-51 选择“运动到点”

37）工具末端运动到开始点位置，“运动到点”效果如图 5-52 所示。

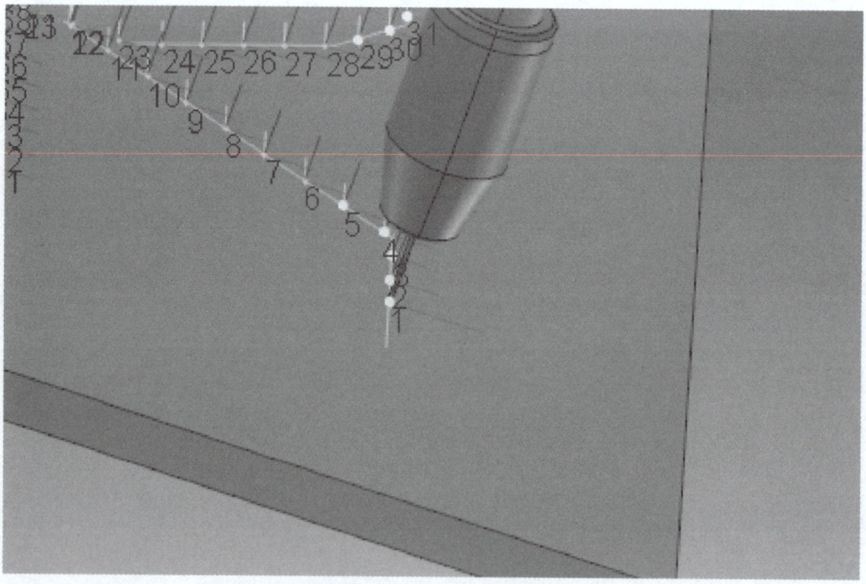

图5-52 “运动到点”效果

38）利用三维球功能，工具末端向正上方偏移一定距离，右键单击工具，选择“插入 POS 点”，如图 5-53 所示。

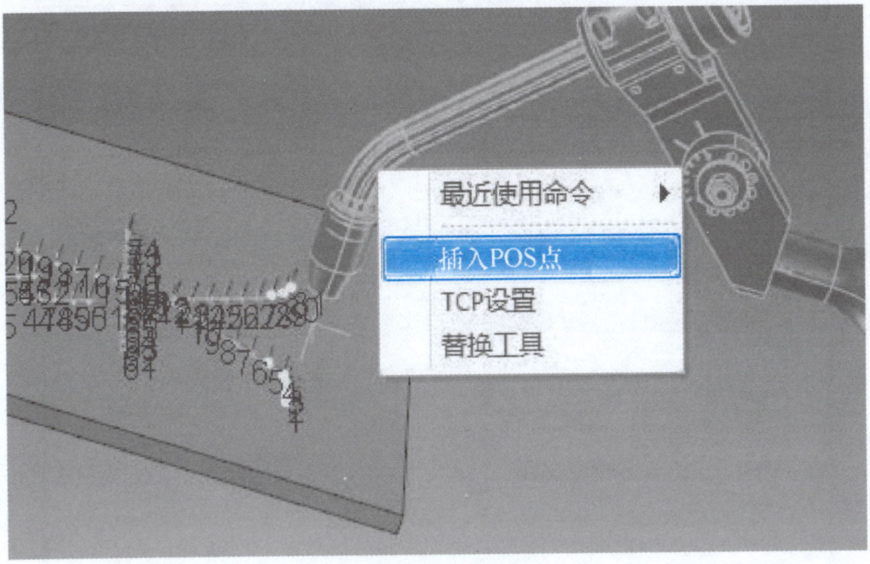

图5-53　插入POS点

39）插入每段轨迹之前的点作为“焊接作业临近点”，插入每段轨迹之后的点作为“焊枪规避点”，按照操作步骤 38），在每一段轨迹之前插入焊接作业临近点，在每一段轨迹之后插入焊枪规避点。

40）后置处理生成代码，单击工具栏中“后置”按钮，如图 5-54 所示。

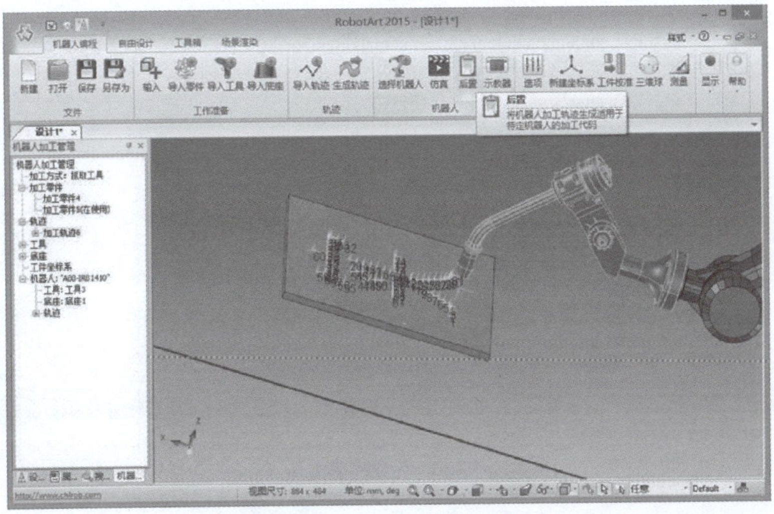

图5-54　单击“后置”按钮

41）在“后置处理”对话框中单击“生成文件”按钮，如图 5-55 所示。

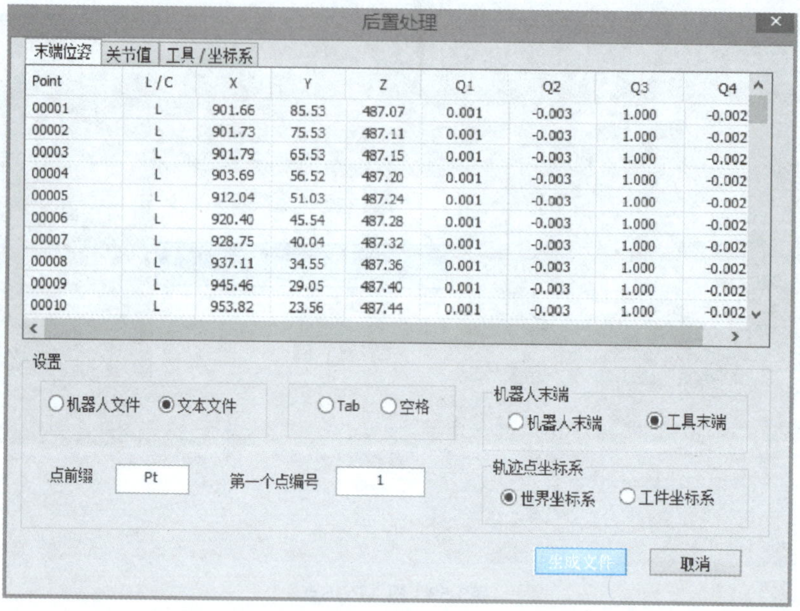

图5-55 “生成文件”界面

42）生成代码文件，如图 5-56 所示。

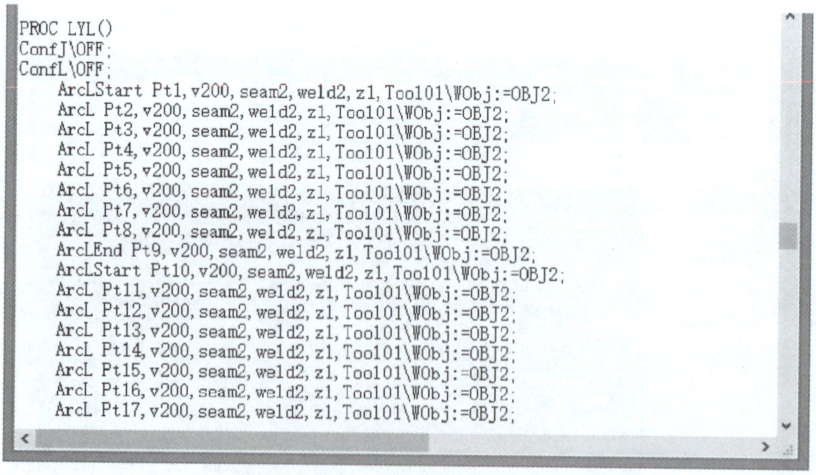

图5-56 生成代码文件

43）将生成的代码文件导入到机器人系统中，如图 5-57 所示。

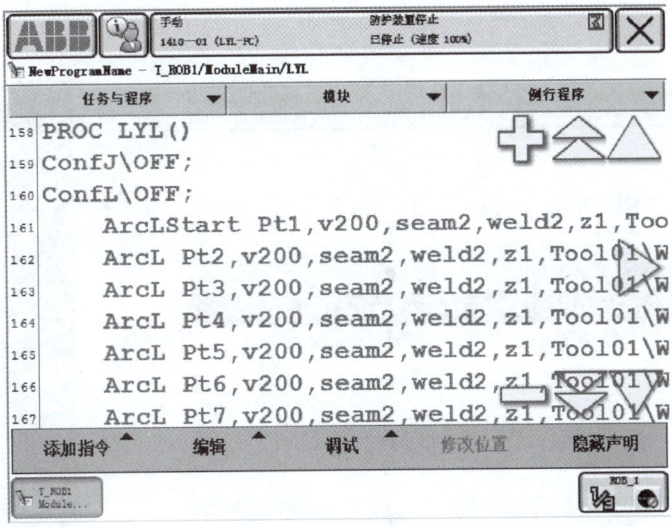

图5-57　代码文件导入机器人系统

44）调试程序，选中“调试”，单击“PP 移至例行程序…”按钮，如图 5-58 所示。

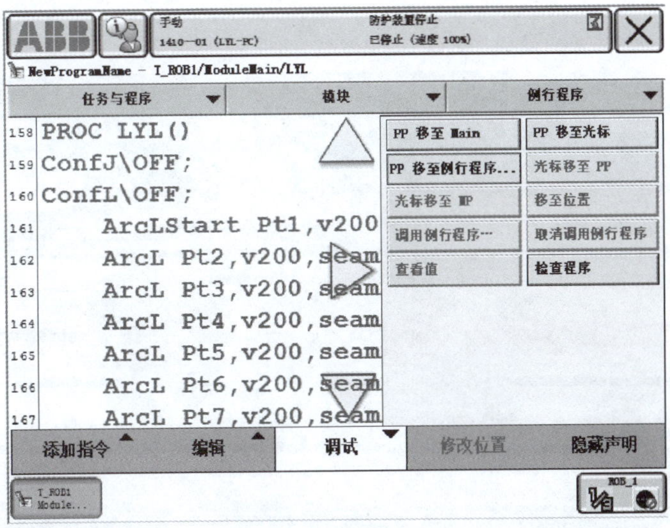

图5-58　调试程序

45）选择相关程序文件，然后单击“确定”，如图 5-59 所示。

46）单步运行程序，按下示教器右下方“下一步”快捷按钮，观察机器人的运行情况，如图 5-60 所示。

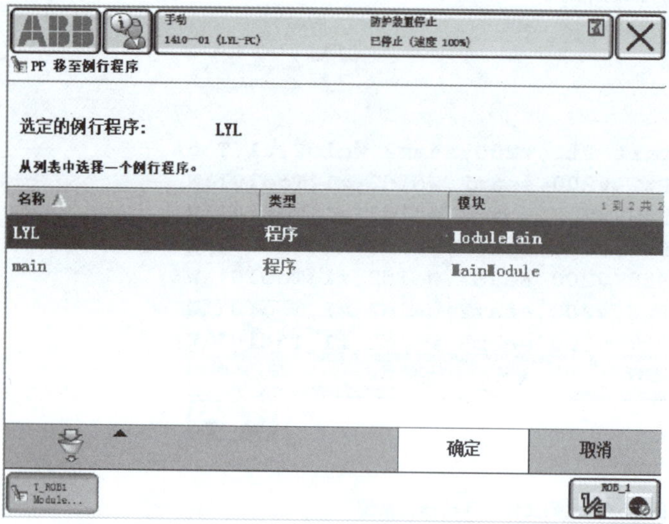

图5-59 选择相关程序文件

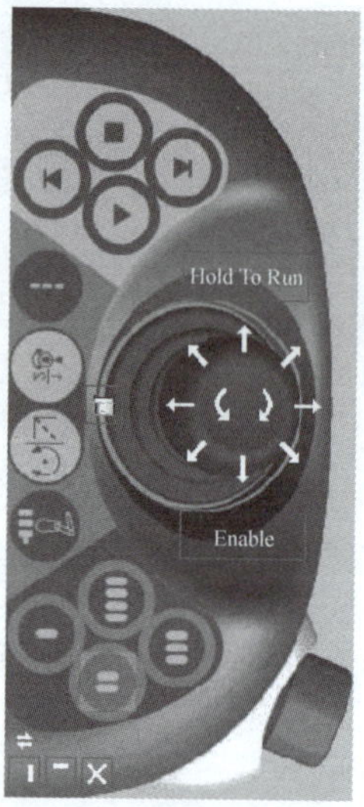

图5-60 单步运行程序

47）装夹实际零件，将零件安装在焊接工作台上（保证零件处于机器人工作范围内），如图 5-61 所示。

图5-61 装夹实际零件

48）启动“焊接”功能，如图 5-62 所示。

49）自动运行，将机器人控制柜上的控制模式用切换钥匙调整到自动模式，如图 5-63 所示。

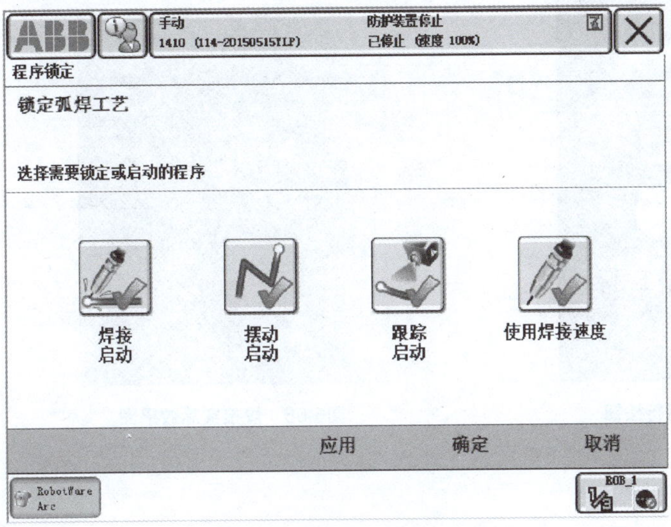

图5-62　焊接功能设置界面

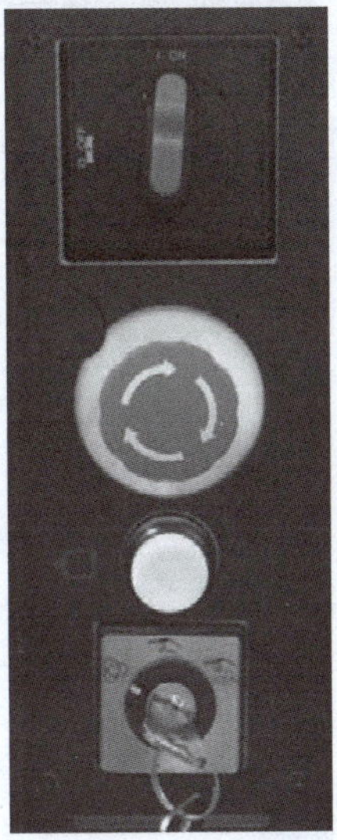

图5-63　控制模式切换

50）示教器上会弹出“已选择自动模式”的提示，单击“确定”按钮，如图 5-64 所示。

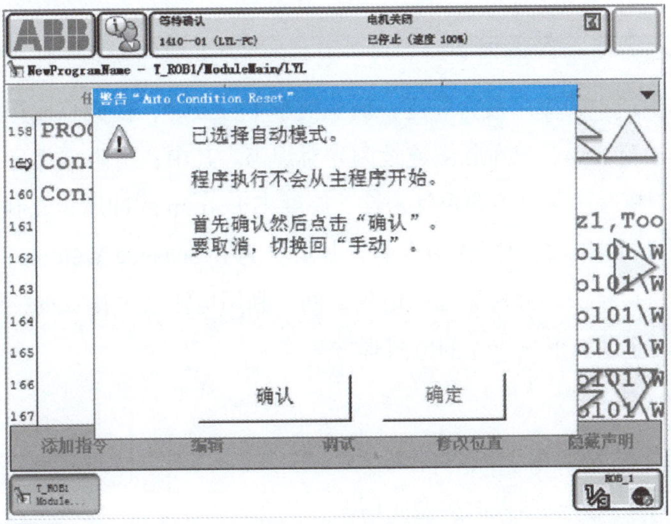

图5-64　模式切换提示

51）按下电动机上电按钮，使指示灯处于常亮状态，然后按下运行按钮，程序自动开始运行，如图 5-65 所示。

52）平板堆焊完成后，实际效果如图 5-66 所示。至此，平板堆焊的离线编程已完成。

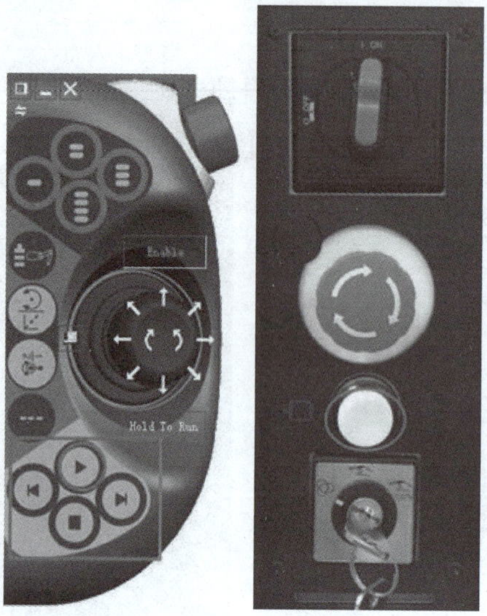

图5-65　电动机上电按钮及运行按钮

图5-66　焊接实际效果图

5.2　点焊机器人工作站

5.2.1　点焊机器人工作站任务分析

电阻焊在汽车生产中的应用极为广泛，例如汽车车身点焊、横梁总成托架点焊、传动轴平衡片凸焊、汽车燃油箱缝焊、汽车轮圈连续闪光对焊等。其中，电阻点焊是一种高速、经济的连接方法，它适用于搭接、接头不要求气密性、厚度小于4mm的冲压、轧制的薄板构件，但要求金属有较好的塑性。电阻点焊简称为点焊，其英文为Resistance Welding，缩写为RSW，是一种将焊件装配成搭接接头，并压紧在两电极之间，利用电流通过接头的接触面及邻近区域产生的电阻热熔化母材金属，形成焊点的电阻焊方法，其原理如图5-67所示。

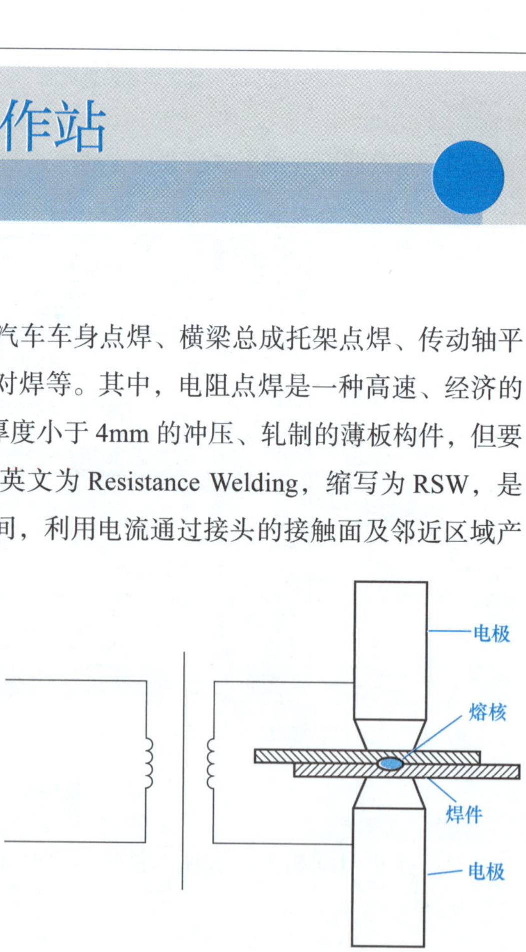

图5-67　电阻点焊原理

点焊机器人工作站是指用于点焊自动作业的工业机器人工作站。点焊机器人的典型应用领域是汽车工业。一般装配一台汽车车体需要完成3000~4000个焊点，其中的60%是由机器人完成的。在大批大量汽车生产线上，服役的机器人数量甚至高达150台。汽车工业引入机器人已经取得了明显的经济效益：①改善多品种混流生产的柔性；②提高焊接质量；③提高生产率；④把工人从恶劣的作业环境中解放出来。随着科学技术的发展，点焊机器人具有了更优越的作业性能：①安装面积小，工作空间大；②能够快速完成小节距的多点定位；③定位精度高，能确保焊接质量；④夹持力大，方便携带内装变压器的焊钳；⑤示教简单，节省工时；⑥安全可靠性好。

电阻点焊的工艺过程如下：

1）预压阶段。保证焊件接触良好，焊件间有适当压力。

2）焊接阶段。焊接电流通过焊件，产生热量，形成熔核。

3）保持阶段。切断焊接电流，电极压力继续维持至熔核凝固，形成组织致密、无缩孔和裂纹的焊点。

4）休止阶段。电极提起，焊接循环结束。

5.2.2 点焊机器人工作站系统硬件方案设计

典型的点焊机器人工作站由机器人系统、电阻点焊控制器、点焊机器人焊钳、电极修磨器及压力和电流检测器等部分组成。

1. 点焊机器人的选择

（1）点焊机器人的基本要求　与弧焊机器人相比，点焊对所用的机器人要求不高。因为电阻点焊只需保证点位控制，焊钳在点与点之间的移动轨迹没有严格要求，这也是机器人最早只能用于电阻点焊的原因。点焊机器人不仅要有足够的承载能力，而且在点与点之间移位时速度要快，动作要平稳，定位要准确，以减少移位的时间，提高工作效率。

点焊机器人的承载能力取决于所用的焊钳形式。针对用于变压器分离的焊钳，使用承载能力为30~45kg的机器人即可。但是，一方面，这种焊钳由于二次电缆线长，电能损耗大，不利于机器人将焊钳伸入焊件内部焊接；另一方面，电缆线随机器人的运动而不停摆动，电缆线损坏较快。因此，目前更多地使用一体式焊钳，这种焊钳连同变压器的质量约为70kg。考虑到机器人要有足够的承载能力，能以较大的加速度将焊钳送到空间位置进行焊接，一般都使用承载能力为100~165kg的重型机器人。为了适应连续电阻点焊时焊钳短距离快速移位的要求，新的重型机器人增加了可在0.3s内完成50mm位移的功能，这对电动机的性能、计算机的运算速度和算法都提出了更高的要求。因此，点焊机器人应具有性能稳定、动作范围大、运动速度快和承载能力强等特点，焊接质量明显优于人工焊接，能够大大提高电阻点焊作业的生产率。

点焊机器人应具有与外围设备通信的接口，它可以通过这一接口接受上一级主控与管理计算机的控制命令进行工作。因此，在主控计算机的控制下，可以由多台点焊机器人构成一个柔性点焊生产系统。

（2）MOTOMAN-ES165D 型关节式点焊机器人　承载能力为 165kg 的六轴安川 ES165D 型点焊机器人本体如图 5-68 所示。

由于在实际使用中几乎全部用来完成间隔为 30~50mm 的打点作业，运动中很少能达到最高速度，因此，改善最短时间内频繁短节距起动、制动的性能是点焊机器人追求的重点。为了提高机器人运动时的加速度，在设计中减轻了手臂的重量，增加了驱动系统的输出力矩。同时，为了缩短滞后时间，得到高的静态定位精度，该机型采用低惯性、高刚度减速器和大功率的无刷伺服电动机。由于在控制电路中采用了前馈环节和状态观测器等措施，控制性能得到大大改善。MOTOMAN-ES165D 型机器人作为常用的关节式点焊机器人，其本体的技术参数见表 5-12。

图5-68　ES165D型点焊机器人本体

表 5-12　ES165D 型机器人本体的技术参数

参　数		内　容
型号		MOTOMAN-ES165D
式样		YR-ES0165DA00
构造		垂直多关节型（6 自由度）
承载能力		165kg
重复定位精度		± 0.2mm
运动范围	S 轴（旋转）	-180° ~ +180°
	L 轴（下臂）	-60° ~ +76°
	U 轴（上臂）	-142.5° ~ +230°
	R 轴（手腕旋转）	-360° ~ +360°（-205° ~ +205°）☆
	B 轴（手腕摆动）	-130° ~ +130°（-120° ~ +120°）☆
	T 轴（手腕回转）	-360° ~ +360°（-180° ~ +180°）☆
最大速度	S 轴（旋转）	1.92rad/s，110（°）/s
	L 轴（下臂）	1.92rad/s，110（°）/s
	U 轴（上臂）	1.92rad/s，110（°）/s
	R 轴（手腕旋转）	3.05rad/s，175（°）/s
	B 轴（手腕摆动）	2.62rad/s，150（°）/s
	T 轴（手腕回转）	4.19rad/s，240（°）/s
允许力矩（$GD^2/4$）	R 轴（手腕旋转）	921N · m（868N · m）☆
	B 轴（手腕摆动）	921N · m（868N · m）☆
	T 轴（手腕回转）	490N · m
允许惯性矩	R 轴（手腕旋转）	85kg · m^2（83kg · m^2）☆
	B 轴（手腕摆动）	85kg · m^2（83kg · m^2）☆
	T 轴（手腕回转）	45kg · m^2
本体质量		1100kg
安装环境	温度	0~+45℃
	湿度	20%~80%RH（无结霜）
	振动	4.9m/s^2 以下
	其他	远离腐蚀性气体或液体、易燃气体 保持环境远离水、油和粉尘 远离电气噪声源
电源容量		5.0kV · A

注：表中☆表示配有装备电缆时采用括号内的值。

机器人本体 YR-ES0165DA00 手臂动作范围侧视图如图 5-69 所示。

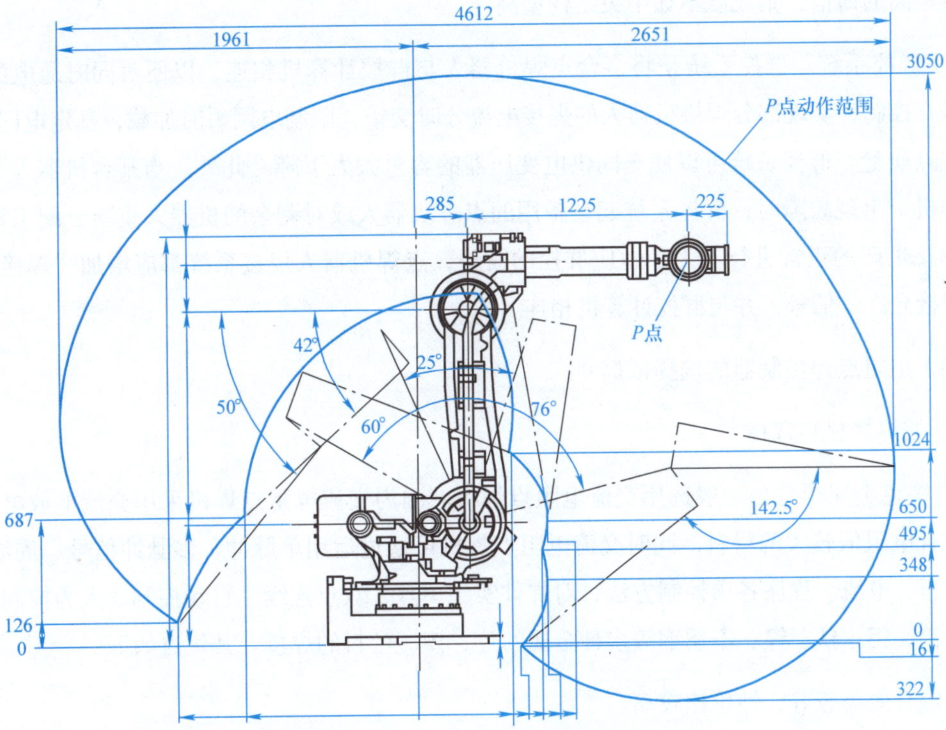

图5-69　YR-ES0165DA00手臂动作范围侧视图

2. 电阻点焊控制器的选择

（1）电阻点焊控制器的定义　电阻点焊控制器是一种负责合理控制时间、电流、加压力这三大焊接条件的装置，综合了机械的各种动作控制、时间控制以及电流调整的功能。电阻点焊控制器的工作原理是：检测输入焊件的二次电流、二次电压，以及焊件金属熔化状态的阻抗变化值，再将检测数据反馈到机器人控制器中进行演算，输出最合适的焊接电流，并对每点的焊接电流进行记忆储存，为下一点的焊接参数设定提供参考。这种电阻点焊控制器可以通过控制焊接过程中飞溅的产生来保证焊点质量，同时还可以对电极的前端尺寸进行自动管理。

（2）电阻点焊控制器的分类　电阻点焊控制器根据预定的焊接监控程序，完成电阻点焊时的焊接参数输入、电阻点焊程序控制、焊接电流控制及焊接系统故障自诊断，并实现与本体计算机及手控示教盒的通信联系。常用的电阻点焊控制器主要有以下几种结构形式：

1）中央结构型。它将焊接控制部分作为一个模块与机器人本体控制部分共同安排在一个控制柜内，由主计算机统一管理，并为焊接模块提供数据，焊接过程控制由焊接模块完成。这种结构的优点是设备集成度高，便于统一管理。

2）分散结构型。它的焊接控制器与机器人本体控制柜分开，二者采用应答式通信联系，主计算机给出焊接信号后，其焊接过程由焊接控制器自行控制；焊接结束后给主机发出结束信号，以便主计算机控制机器人移位。这种结构的优点是调试灵活，焊接系统可单独使用，但需要一定距离的通信，集成度不如中央结构型高。

3）群控系统。群控系统是将多台点焊机器人与群控计算机相连，以便对同时通电的数台设备进行控制，实现部分焊接机器人的焊接电流分时交错，限制电网瞬时加载，稳定电网电压，保证焊点质量。群控系统可以使车间供电变压器的容量大大下降。此外，当某台机器人（或电阻点焊机）出现故障时，群控系统起动备用的点焊机器人或对剩余的机器人重新分配工作，以保证焊接生产的正常进行。为了适应群控的需要，点焊机器人焊接系统都应增加“焊接请求”及“焊接允许”信号，并与群控计算机相连。

（3）电阻点焊控制器的选择依据

1）按焊接材料选择。

① 黑色金属焊件。一般选用交流电阻点焊机。因为交流电阻点焊机采用交流电放电焊接，特别适合电阻值较大的材料，同时交流电阻点焊机可通过运用单脉冲、多脉冲信号、周波、时间、电压、电流、程序各项控制方法，对焊件实施单点、双点连续、自动控制、人为控制焊接，适用于钨、钼、铁、镍、不锈钢等多种金属的片、棒、丝料的焊接。其优点如下：

a. 综合效益较好，性价比较高。

b. 焊接条件范围大。

c. 焊接回路小型轻量化。

d. 可以电阻点焊异种金属。

其缺点如下：

a. 受电网电压波动影响较大，即交流电阻点焊机焊接电流会随电网电压的波动而波动，从而影响焊接的一致性。

b. 交流电阻点焊机焊接放电时间最短通常为 1/2 周波（即 0.01s），不适合一些特殊合金材料的高标准焊接。

② 有色金属焊件。一般选用储能电阻点焊机，因为储能电阻点焊机利用储能电容放电焊接，具有对电网冲击小、焊接电流集中、释放速度快、穿透力强、热影响区小等特点，广泛适用于银、铜、铝、不锈钢等各类金属的片、棒、丝料的焊接。其优点如下：

a. 电流输出更精确、稳定，效率更高。

b. 焊接热影响区更小。

c. 比交流电阻点焊机更节约能耗。

其缺点如下：

a. 设备造价较高。

b. 储能电阻点焊机焊接放电时间受储存能量和焊接变压器影响，设备定型后，放电时间不可调整。

c. 储能电阻点焊机的放电电容经过长期使用会自动衰减，需要更换。

2）按焊机的技术参数选择。

① 电源额定电压、电网频率、一次电流、焊接电流、短路电流、连续焊接电流和额定功率。

② 最大、最小及额定电极压力或顶锻压力、夹紧力。

③ 额定最大、最小臂伸和臂间开度。

④ 短路时的最大功率及最大允许功率，额定级数下的短路功率因数。

⑤ 冷却水及压缩空气耗量。

⑥ 适用的焊件材料、厚度或断面尺寸。

⑦ 额定载荷持续率。

⑧ 焊机质量、焊机生产率、可靠性指标、寿命及噪声等。

（4）IWC5-10136C 型电阻点焊控制装置　IWC5-10136C 型电阻点焊控制装置为逆变式焊接电源，采用微机控制，具备高性能和高稳定性的特点，可以按照指定的直流电流进行定电流控制，具有步增功能、各种监控及异常检测功能。具体的技术参数见表 5-13。

表 5-13　IWC5-10136C 型电阻点焊控制装置技术参数

基本参数	额定电压	三相 AC380V、AC400V、AC415V、AC440V、AC480 (1 ± 15%)V
	焊接电源周波数	50Hz/60Hz
	控制电源	在控制器内部从焊接电源引入
	消耗功率	约 80VA（无动作时）
冷却条件	本体	强制式空气冷却
	IGBT 单元	水冷式，给水侧温度在 90℃以下 冷却水量在 5L/min 以上 冷却水压在 300kPa 以下 电阻率在 5000Ω · cm 以上
控制主电路	IGBT	集电极 – 发射极间电压 1200V 集电极电流 400A
适用焊接变压器	逆变式直流变压器	

（续）

控制方式	IGBT 采用桥式 PWM 逆变控制	
	逆变周波数	700~1800Hz（从 700Hz、1000Hz、1200Hz、1500Hz、1800Hz 中选择一种进行控制）
焊接电流控制方式	额定电流控制	一次电流循环反馈方式控制 设定精度 ±3% 或 300A 以内 重复精度在焊接电源电压及载荷变动 ±10% 以内时，±2% 或 300A 以内，上升及下降周期除外
存储数据的保存	数据保存电源	超电容或锂电池（选配件）
	程序数据保存期限	半永久
	监控数据保存期限	电源切断后可保存 15 天以上，加装锂电池时可保存 10 年
	异常历史数据保存期限	电源切断后可保存 15 天以上，加装锂电池时可保存 10 年
	数据写擦次数	闪存 10 万次
控制范围	一次电流控制范围	50~400A（根据使用率情况不同有所限制）
	二次电流控制范围	2.0~25.5kA
	焊接变压器卷数比	4.0~200.0
	加压力控制范围	100~800kPa（使用加压力控制选配件时）
使用率		400A10% 以下

WC5-10136C 型电阻点焊控制装置与传统的交流工频电阻点焊机相比具有以下突出优势：

1）直流焊接。逆变式焊机一般采用频率为 1kHz 左右的逆变中频电源，经变压器次级整流，可提供连续的直流焊接电流，电流单方向加热焊件，热效率提高；无输出感抗影响，大大提高了焊接质量。

2）焊接变压器小型化。焊接变压器的铁心横截面面积与输入交流频率成反比，故中频输入可减小变压器铁心横截面面积，从而减小变压器的体积和质量。尤其适合电阻点焊机器人的配套需要，焊机轻量化，减小机器人的驱动功率，提高性价比。

3）电流控制响应速度提高。频率为 1kHz 左右的电流控制响应速度为 1ms，比工频电阻点焊机的响应速度提高了 20 倍左右，从而可以方便地实现焊接电流实时控制，形成多种焊接电流波形，适合各种焊接工艺需要，飞溅减少，电极寿命提高，焊点质量稳定。

4）三相电源输入，三相负载平衡，功率因数高，输入功率减少，节能效果好。

3. 机器人焊钳的选择

（1）焊钳的种类

1）从焊接变压器与焊钳的结构关系分，可将焊钳分为分离式焊钳、内藏式焊钳和一体式焊钳。

① 分离式焊钳。该焊钳的特点是焊接变压器与钳体分离，钳体安装在机器人手臂上，焊接

变压器悬挂在机器人的上方，可在轨道上沿着机器人手腕移动的方向移动，二者之间用二次电缆相连。其优点是：减小了机器人的载荷，运动速度高，价格便宜。缺点是：需要大容量的焊接变压器，电力损耗较大，能源利用率低。此外，粗大的二次电缆在焊钳上引起的拉伸力和扭转力作用于机器人的手臂上，限制了电阻点焊工作区间与焊接位置的选择。

② 内藏式焊钳。这种结构是将焊接变压器安放到机器人手臂内，使其尽可能地接近钳体，变压器的二次电缆可以在内部移动。当采用这种形式的焊钳时，必须同机器人本体统一设计。其优点是：二次电缆较短，变压器的容量可以减小，但机器人本体的设计变得复杂。

③ 一体式焊钳。一体式焊钳是指将焊接变压器和钳体安装在一起，然后共同固定在机器人手臂末端的法兰盘上。其优点是：省掉了粗大的二次电缆及悬挂变压器的工作架，同时节省了能量。缺点是：焊钳质量显著增大，体积也变大，要求机器人本体的承载能力大于 60kg。此外，焊钳质量在机器人活动手腕上产生惯性力易引起过载，这就要求在设计时尽量减小焊钳重心与机器人手臂轴心线间的距离。

2）焊钳根据用途可分为 X 型焊钳和 C 型焊钳，如图 5-70 所示。X 型焊钳主要用于电阻点焊水平及近似水平的焊缝，C 型焊钳用于电阻点焊垂直及近似垂直的焊缝。

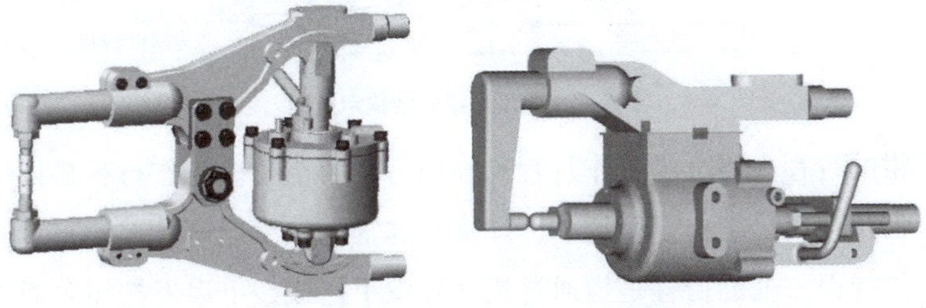

a) b)

图5-70 X型焊钳和C型焊钳

a）X 型焊钳 b）C 型焊钳

3）按焊钳的行程，焊钳可分为单行程焊钳和双行程焊钳。

4）按加压力的驱动方式，焊钳可分为气动焊钳和电动焊钳。

5）按焊钳变压器的种类，焊钳可分为工频焊钳和中频焊钳。

6）按焊钳的加压力大小，焊钳可分为轻型焊钳和重型焊钳。一般来说，电极加压力在 450kg 以上的焊钳称为重型焊钳，在 450kg 以下的焊钳称为轻型焊钳。

（2）焊钳的结构及选型原则 常见的 C 型焊钳和 X 型焊钳的结构如图 5-71 和图 5-72 所示。

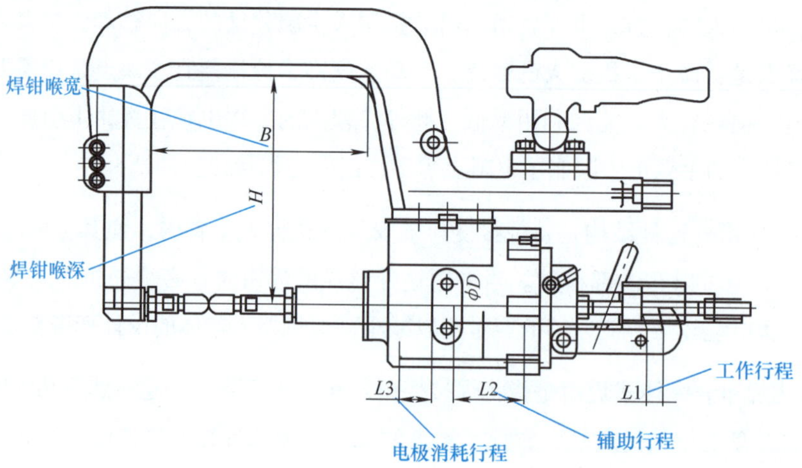

图5-71 C型焊钳的结构示意图

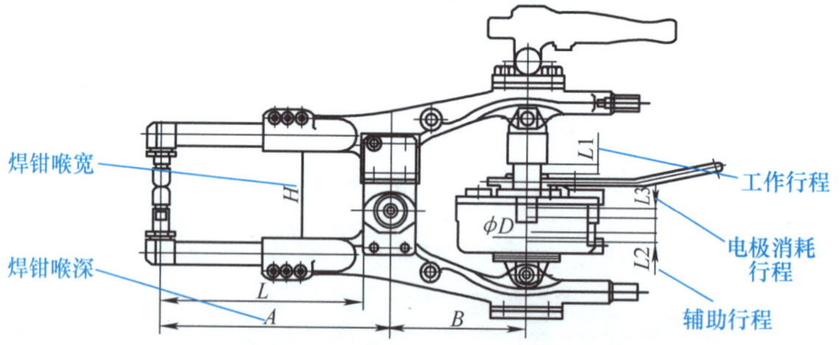

图5-72 X型焊钳的结构示意图

电阻点焊焊钳的行程主要分为工作行程和辅助行程两部分。工作行程是指焊钳在正常通气状态下两电极的张开距离，工作行程越小，焊接时的工作效率越高，因此在可能的情况下要尽量选择较小的工作行程；辅助行程是指通过拨动限位手把或按下启发按钮后焊钳两电极张开的距离。为避免焊钳进入焊接部位时与焊件、焊接夹具等发生干涉，采用焊钳辅助行程使焊钳进入焊接部位，即焊钳进入焊接部位时打开辅助行程，两电极的间距加大，进入焊接部位后关闭辅助行程，焊钳实施焊接。电极消耗行程是电极消耗时的补偿距离。

无论是手工悬挂焊钳还是机器人焊钳，在订货购买时都有其特别的要求，它必须与焊件所要求的焊接规范相适应，其选型基本原则如下：

1）根据焊件材料和厚度，确定焊钳电极的最大短路电流和最大加压力。

2）根据焊件的形状和焊点在焊件上的位置，确定焊钳钳体的喉深、喉宽、电极握杆、最大行程及工作行程等。

3）根据焊件上所有焊点的位置分布情况，确定焊钳的类型。常用的焊钳有四种：C 型单行程焊钳、C 型双行程焊钳、X 型单行程焊钳和 X 型双行程焊钳。

4）在满足以上条件的情况下，尽可能地减小焊钳的质量。对悬挂点焊来说，可以减轻操作者的劳动强度；对机器人而言，可以选择低负载的机器人，并可提高生产效率。

4. 点焊工作站其他辅助设备的选择

（1）电极修磨器　电极修磨器也称为电极修磨机，在进行电阻点焊时，电极上通过的电流密度很大，再加上同时作用有比较大的加压力，电极表面会出现变形，电极极易失去其原有的形状，这就不能很好地控制焊核的大小。同时，由于电极在焊接过程中受到高温而与焊件发生合金氧化反应，影响电极的导电性能，电阻点焊时通电电流值就不能得到很好的保证，可能出现虚焊、爆焊等不良焊接。

电极修磨器分为手工修磨机和自动修磨器。手工修磨机可以参照以下方法进行修磨工序的管理：

1）需要修磨电极的情况。电极出现下列情况时应当修磨：

① 电极边缘发毛或端面直径超过 8mm。

② 电极接触端直径小于 6mm。

③ 电极面不平，有明显凹坑或者太尖。

④ 上下电极错位，修磨电极无法达到理想效果时，可调整电极。

2）手工电极修磨方法。将“焊接 / 调整”开关置于“调整”位，先修磨电极侧面一周，然后修磨电极端部平面。电极修磨后要用试板焊接、检验，对焊点质量和电极修磨情况进行检查。

3）电极修磨的注意事项。

① 电极修磨时，应保证上下两电极接触面对称，偏差不应大于 0.5mm。

② 电极修磨时，上下两电极接触面要平，不能产生缝隙。

③ 电极修磨时，上下两电极接触面不能过小或过大，修磨时应保证接触面直径为 6~ 8mm，电极锥度不小于 45°，可根据现场情况做适当调整。

4）更换电极时，电极表面应光滑，不能有凸起或凹坑。

在点焊机器人系统中，通常使用的是全自动调用修磨程序。例如：焊接普通碳钢材料时，每焊 800~1000 点就需修磨一次电极，以确保得到良好的焊接质量。将焊钳电极移动到修磨器的修磨刀头两侧，将上下两电极夹紧，使上下电极同时接触修磨器的双面刀片，修磨器的刀头转过一定圈数后，将上下电极端头切削出与刀片形状一致的端面。电极修磨器按转动方式可分为单向旋转和正反向旋转两种。刀头按切削刃的数量可分为单刃刀头和多刃刀头两种。自动电极修磨器如图 5-73 所示。

（2）压力检测仪　压力检测仪是对焊钳的加压状况进行检测的仪器，通常它只用于对焊钳定期的加压状况进行测试。

（3）电流检测仪　电流检测仪是对电阻点焊质量进行控制的仪器。它可以用于定期对电阻点焊控制器的电流输出状况进行检测，也可以用于对电阻点焊生产中所有的焊点进行实时的电流监视，并可输出焊接时的电流输出状况。

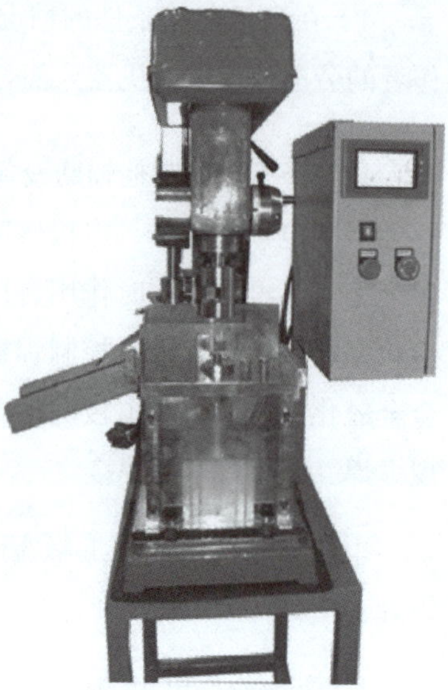

图5-73　自动电极修磨器

5.2.3　点焊机器人工作站系统软件方案设计

MOTOMAN-ES165D 型机器人使用的机器人语言为 INFORM III。与大部分机器人语言类似，INFORM III 也是由命令和附加项（助记符、数据）组成的，如图 5-74 所示。

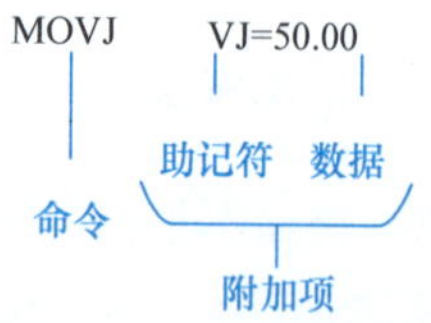

图5-74　INFORM Ⅲ 语言的组成

1. 移动命令（MOVJ、MOVL、MOVC、MOVS）

MOVJ 是关节运动命令，MOVL 是直线运动命令，MOVC 是圆弧运动命令，MOVS 是曲线运动命令。如图 5-74 所示，MOVJ 是命令名称，VJ 是运行速度。

2. 磨损检测命令（WEAR）

实施磨损检测时使用下列命令：

WEAR <u>TWC=1</u> <u>GUN=1</u> <u>PRESSCL=1</u>
　　　①　　　②　　　③

命令中各数字的含义如下：

① 部分表示磨损检测方法。

1——使用正规磨损量测量。在没有障碍物的地方实施空打动作。

2——使用正规磨损量测量。在空打动作时，让移动侧电极（即机器人侧电极）向接触固定物侧移动。

3——使用简易磨损量测量。在没有障碍物的地方实施空打动作。

正规磨损量测量的情况是

MOVJ

WEAR TWC=1 GUN=1 PRESSCL=1

MOVJ

WEAR TWC=2 GUN=1 PRESSCL=1

或者是

MOVJ

WEAR TWC=2 GUN=1 PRESSCL=1

MOVJ

WEAR TWC=1 GUN=1 PRESSCL=1

简易磨损量测量的情况是

MOVJ

WEAR TWC=3 GUN=1 PRESSCL=1

MOVJ

② 部分表示焊钳号：指定动作焊钳号。

③ 部分表示空打加压力文件：指定设定动作时的加压力文件。

3. 修磨命令（CHIPDRS）

执行修磨时使用下列命令：

CHIPDRS GUN=1 PRESSCL=1
（GUN=1 为①，PRESSCL=1 为②）

命令中各数字的含义如下：

① 部分表示焊钳号：指定动作焊钳号。

② 部分表示空打加压力文件：指定设定动作时的加压力文件。

4. 工件把持命令（WKHLD-ON）

用伺服焊钳把持工件时，执行以下命令，根据电极的磨损量补偿把持位置：

WKHLD-ON GUN=1 PRESSCL=1
（GUN=1 为①，PRESSCL=1 为②）

命令中各数字的含义如下：

① 部分表示焊钳号：指定动作焊钳号。

② 部分表示空打加压力文件：指定设定动作时的加压力文件。

5. 工件放开命令（WKHLD-OF）

使用以下命令来放开使用 WKHLD-ON 命令把持的工件：

WKHLD-OF GUN=1 PRESSCL=1
①　②

命令中各数字的含义如下：

① 部分表示焊钳号：指定动作焊钳号。

② 部分表示空打加压力文件：指定设定动作时的加压力文件。

6. 磨损量判断命令（DRSCHK）

在实行磨损量检测后，如果执行了此命令，此次的磨损量就和上次的磨损量进行比较，在磨损量差值较小的情况下发生报警。以下命令用在判断修磨后的修磨量时使用：

DRSCHK GUN=1 PRESSCL=1
①　②

上述命令中各数字的含义如下：

① 部分表示焊钳号：指定动作焊钳号。

② 部分表示判定界限值：DRSCHK 命令执行时的报警判定界限值设定为 R 变量。如果上次磨损检测和本次磨损检测的差值（即绝对值）比界限值小，就发生报警。可以根据各焊钳的移动侧（机器人侧）和固定侧（手臂侧）分别设定。磨损量判定值设定用的变量见表 5-14。

表 5-14　磨损量判定值设定用的变量

位置	变量	位置	变量
焊钳 1 移动侧	R000	焊钳 1 固定侧	R001
焊钳 2 移动侧	R002	焊钳 2 固定侧	R003
焊钳 3 移动侧	R004	焊钳 3 固定侧	R005
焊钳 4 移动侧	R006	焊钳 4 固定侧	R007
焊钳 5 移动侧	R008	焊钳 5 固定侧	R009
焊钳 6 移动侧	R010	焊钳 6 固定侧	R011
焊钳 7 移动侧	R012	焊钳 7 固定侧	R013

5.2.4　点焊机器人工作站系统的安装

点焊机器人工作站主要由机器人本体及控制柜、电阻点焊控制箱、电阻点焊焊钳及电极修磨器组成。系统各硬件部分之间的具体连接方式如图 5-75 所示，图 5-75 中各组成部分名称见表 5-15。

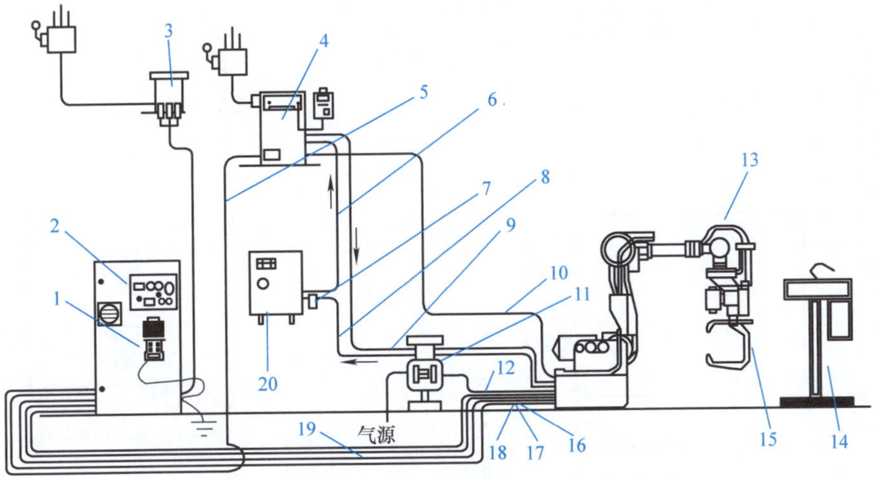

图5-75　电阻点焊机器人系统图

表 5-15　电阻点焊机器人系统各部分名称

序号	名称	序号	名称
1	机器人示教盒	11	气 / 水管路组合体
2	机器人控制柜	12	焊钳进气管
3	机器人变压器	13	手部集合电缆
4	电阻点焊控制箱	14	电极修磨器
5	电阻点焊指令电缆	15	伺服 / 气动电阻点焊钳
6	电阻点焊控制箱冷水管	16	机器人供电电缆 3BC
7	冷却水流量开关	17	机器人供电电缆 2BC
8	焊钳回水管	18	机器人供电电缆 1BC
9	焊钳冷水管	19	焊钳控制电缆
10	焊钳供电电缆	20	冷却水箱

点焊机器人系统各组成部分的功能说明见表 5-16。

表 5-16　点焊机器人系统各部分功能说明

类型	设备代号	功能说明
机器人相关	1、2、5、10、13、16、17、19	建立机器人与其他设备的联系
与电阻点焊相关	4、14、15	实施电阻点焊作业
供气系统	12、18	仅在使用气动焊钳时使用，焊钳加压气缸完成电阻点焊加压，需要供气。当焊钳长时间不用时，须用气吹干焊钳管道中残留的水
供水系统	6、8、9、20	用于对设备 4 和 15 的冷却
供电系统	3	提供电源

其中，IWC5 型焊接电源的接口及配线如图 5-76 和图 5-77 所示。

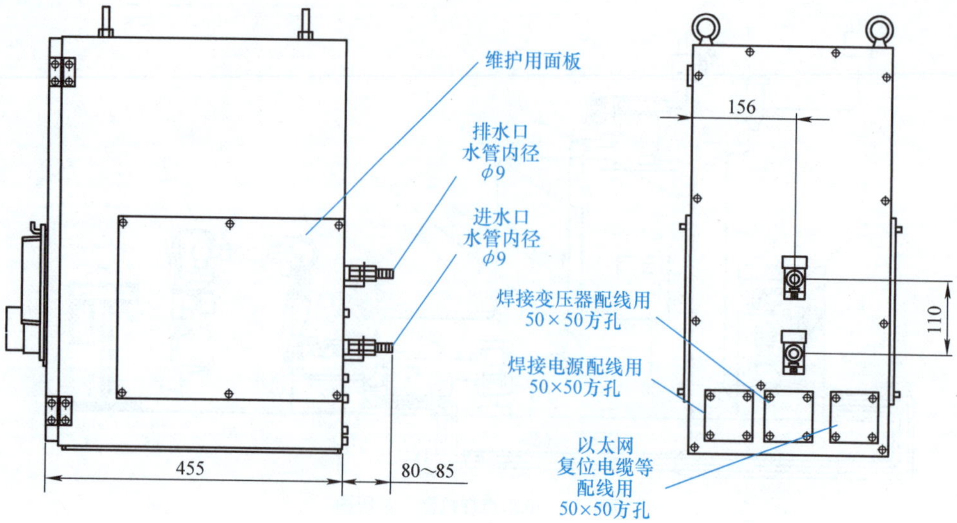

图5-76　IWC5型焊接电源的配线及管路

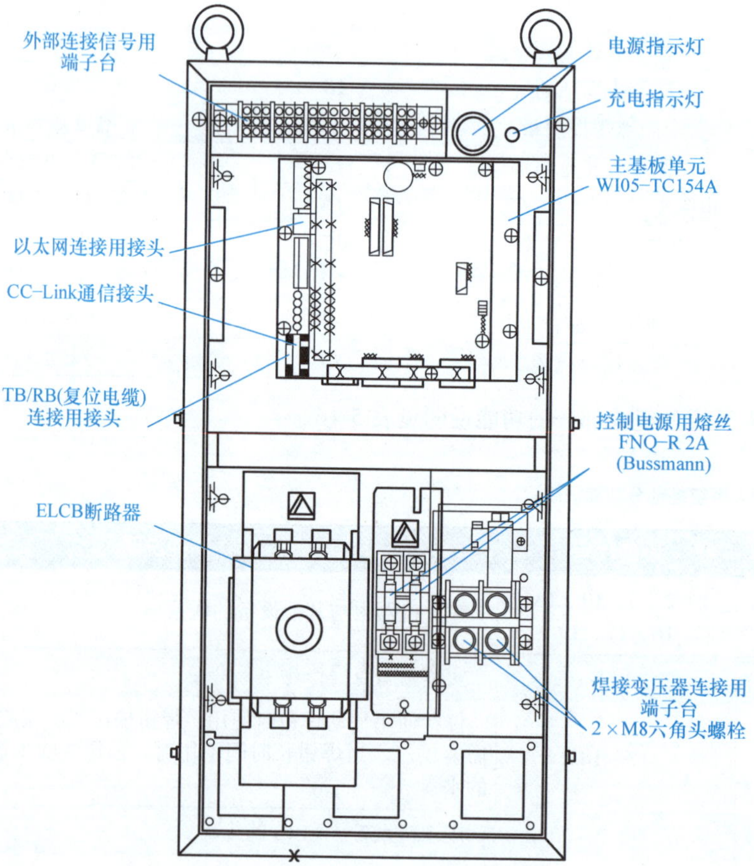

图5-77　IWC5型焊接电源的接口

5.3 去毛刺机器人工作站

5.3.1 去毛刺机器人工作站任务分析

去毛刺是指去除在零件棱边所形成的刺状物或飞边。毛刺虽然很小，但是会直接影响产品的品质。近年来，随着各行业对毛刺去除的重视，去毛刺的方法也层出不穷。现在常见的去毛刺方法主要有以下几种：手工去毛刺、化学去毛刺、点解去毛刺、超声波去毛刺、高压水枪去毛刺、热爆炸去毛刺及冷冻修边去毛刺等。随着科学技术的发展和工业机器人的广泛应用，各种各样的去毛刺机器人工作站也应运而生。工业机器人去毛刺加工主要用于大批大量、重复性强或者高温、粉尘等恶劣工作环境中。工业机器人去毛刺具有如下特点：

1）自动化程度高，能实现自动运行，具有安全、多角度全方位、24h 运行的特点。

2）具有定位精确、速度快、柔性高、生产质量稳定、工作节拍可调、运行平稳可靠等特点。

3）改善工作环境，密闭式机器人工作站将高噪声和金属粉尘的工作环境与外部隔离，降低了人员暴露于恶劣环境中的危害。

5.3.2 去毛刺机器人工作站硬件方案设计

1. 机器人的选型

根据使用需求，选择 ABB IRB1410 型六自由度工业机器人，具体的性能指标和技术参数见表 5-1 和表 5-2。

机器人控制柜配置的 I/O 模块型号选用 DSQC652。与 I/O 模块连接的外围设备包括径向浮动工具（主动和浮动两个方向）、气缸（2 个）、除尘器、蜂鸣警报器及安全光栅。机器人 I/O 信号定义见表 5-17。

表 5-17 机器人 I/O 信号定义

输出信号	功　能
do1	do1 值为 1 时，径向浮动工具的主动轴转动；值为 0 时，主动轴停止转动
do2	do2 值为 1 时，径向浮动工具浮动方向的控制打开
do3	do3 值为 1 时，除尘器开启；值为 0 时，除尘器关闭
do4	do4 值为 1 时，给夹具供气的开关打开
do5	do4 值为 1 时，若 do5 值为 1，气缸夹紧工件；若 do5 值为 0，气缸松开工件
do6	系统模式状态，机器人在手动模式下值为 0，在自动模式下值为 1
do7	do7 值为 1 时，安全光栅开启检测

2. 加工工具

（1）径向浮动工具　径向浮动工具是工业机器人实现去毛刺加工的末端执行器，其主轴的高速旋转运动由压缩空气提供动力，具有径向浮动功能，浮动量多达 ±8mm，转速最快可达 40000r/min，质量为 1.2kg，正常工作气压为 6.2bar（1bar=10^5Pa）。径向浮动工具如图 5-78 所示。

（2）轴向浮动工具　轴向浮动工具是工业机器人实现去毛刺加工的末端执行器，其主轴的高速旋转运动由压缩空气提供动力，具有轴向浮动功能，浮动量多达 ±7.5mm，转速最快可达 5600r/min，质量为 3.3kg，正常工作气压为 6.2bar。轴向浮动工具如图 5-79 所示。

图5-78　RC340型径向浮动工具

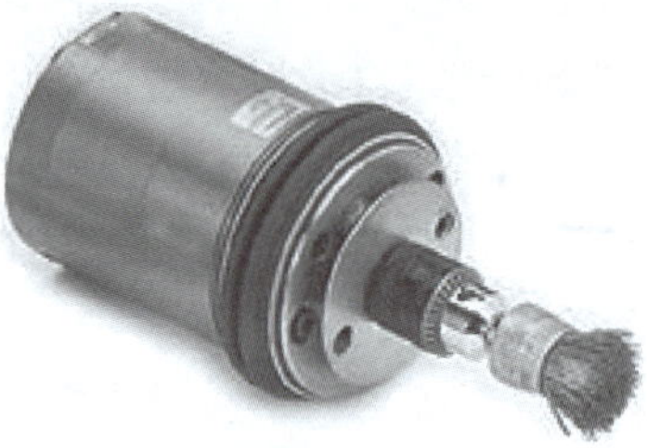

图5-79　RC390型轴向浮动工具

3. 电气控制柜

电气控制柜主要包括工作站总电源开关、工业机器人电源开关、除尘器电源开关、稳压电源开关（图 5-80）、空气处理装置和气压调节装置（图 5-81 所示）。空气处理装置主要功能是过滤从气泵处理的压缩空气中的油和水；气压调节装置即为精密减压阀，用于调节气压的大小来控制径向浮动所需力的大小。本工作站空气处理装置使用时，压力调到 0.7MPa~0.8MPa 之间，精密减压阀压力调节到 0.15MPa 左右。

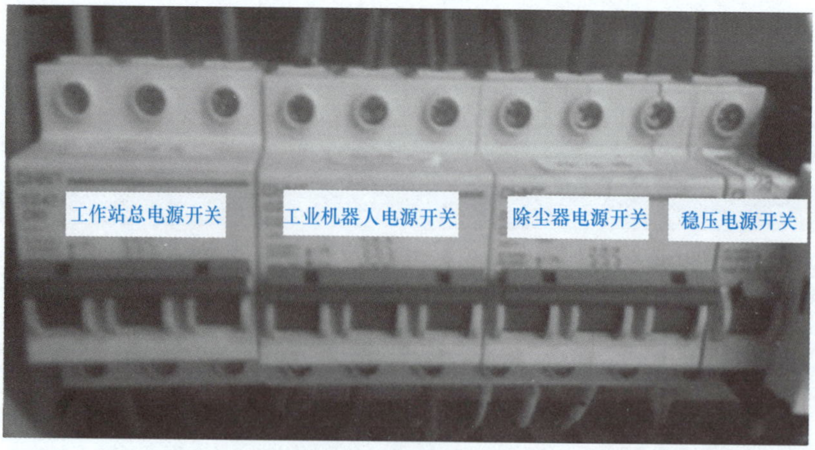

图5-80　各种电源开关

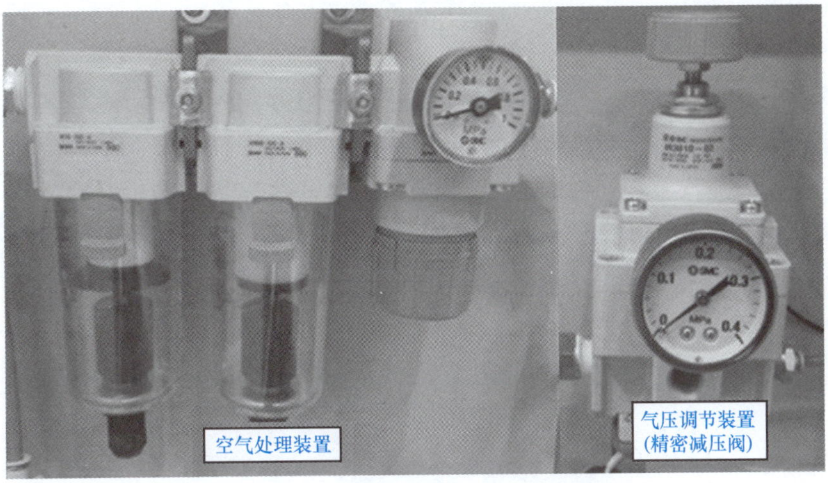

图5-81　空气处理装置和气压调节装置

4. 除尘器

除尘器的主要功能是除去机器人在去毛刺过程中产生的毛刺屑，以防止毛刺飞溅到眼中。除尘器的开启和停止通过两个开关即可实现，其中黑色开关为闭合开关，红色开关为断开开关。除尘器实物如图 5-82 所示。

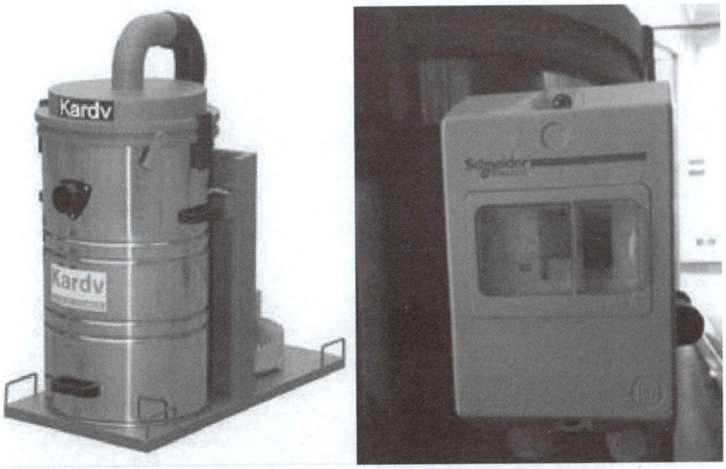

图5-82　DL-1280型除尘器

5. 静音无油空压机

静音无油空压机的主要功能是向径向浮动工具的高速旋转提供压缩空气动力。静音无油空压机实物如图 5-83 所示。

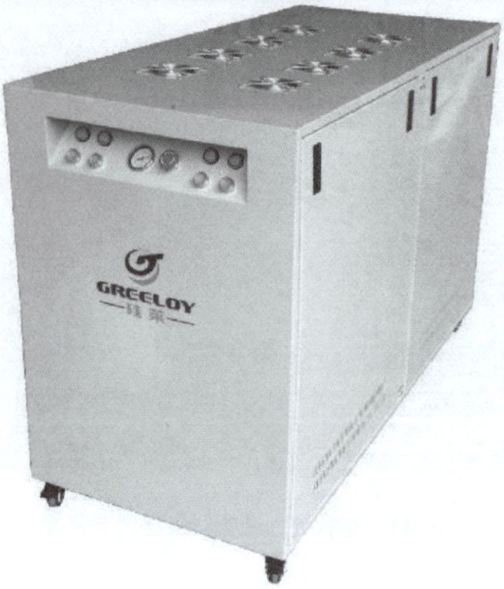

图5-83　硅莱GA-165型空压机

6. 工作台与夹具

工作台工作表面尺寸为 600mm × 800mm，整体高 500mm，其上表面均匀分布 ϕ16mm 的螺纹孔。夹具是专门用于固定和夹紧工件的装置，本工作站夹具包含固定板、压紧装置及气缸等，如图 5-84 所示。

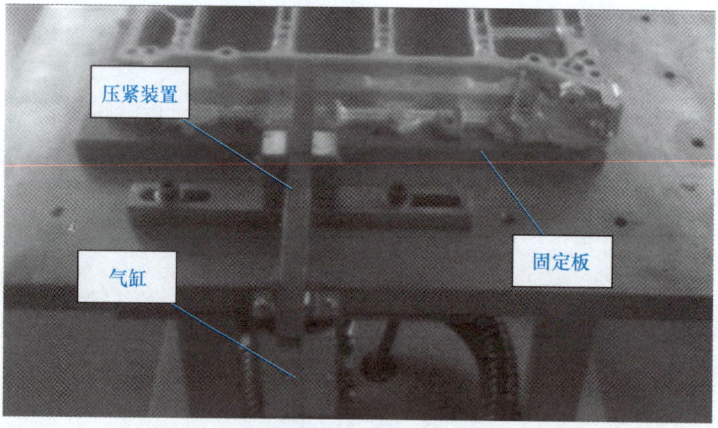

图5-84　工作台及夹具

7. 安全防护系统

去毛刺机器人工作站的安全防护系统包括安全防护栏、安全光栅、三色报警灯和报警器，如图 5-85 所示。

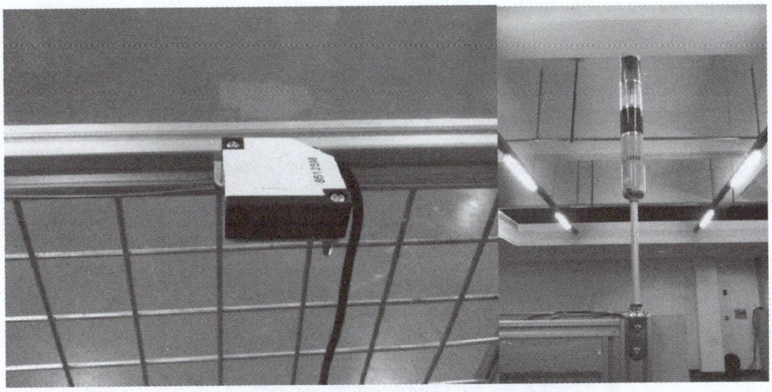

图5-85 安全防护栏及三色报警灯

当机器人处于手动模式时，三色报警灯的黄灯会闪烁，示意操作人员应注意安全；当机器人处于自动模式时，三色报警灯的绿灯会闪烁，示意系统运行正常；防护栏门上安装有安全光栅，在自动模式下，当检测到有人进入工作站时，机器人会紧急停止，同时三色报警灯的红灯会闪烁，报警器报警，以保护操作人员的人身安全。

5.3.3 去毛刺机器人工作站软件方案设计

去毛刺机器人工作站的编程问题主要集中在如何根据待清理工件的外部轮廓特征，选择合适的机器人移动指令，来完成去毛刺的任务。下面以发动机气缸盖去毛刺工作为例进行介绍，气缸盖形状如图 5-86 所示。去毛刺加工的轨迹如图 5-87 所示，其中浅蓝色的线表示直线路径，深蓝色的线表示圆弧路径，直线和弧线标注的区域为需要去毛刺加工的区域。

图5-86 气缸盖

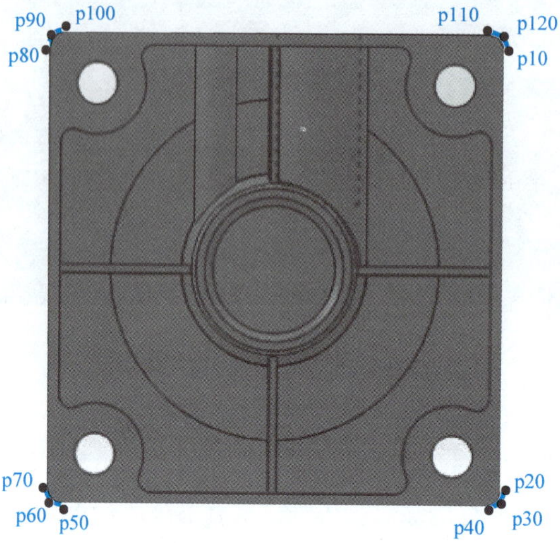

图5-87　工件去毛刺加工轨迹

确认机器人是在手动模式下，按照新建 RAPID 程序的操作步骤，进入主程序编辑界面，如图 5-88 所示。

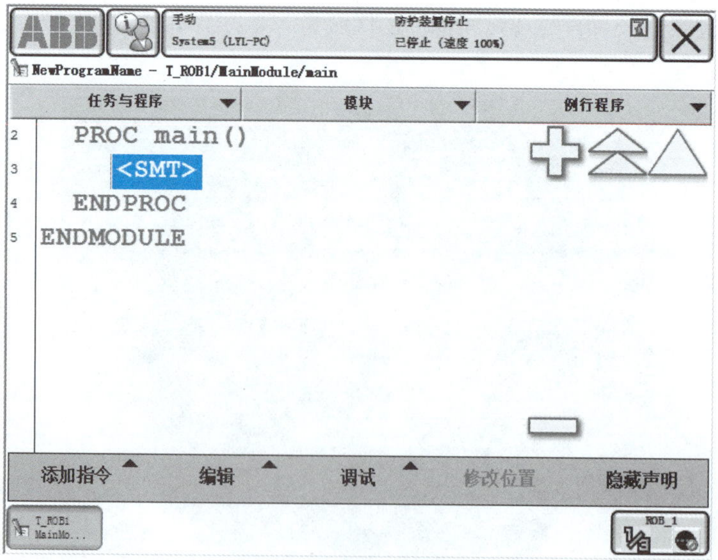

图5-88　新建RAPID程序

根据图 5-87 中规划好的示教点位置，移动机器人手臂，并在示教器上添加移动指令。具体程序如下。

```
MoveJ offs(p10,0,0,150),v1000,z50,tool0;

MoveL p10,v1000,z50,tool0;

MoveL p20,v1000,z50,tool0;

MoveC p30,p40,v1000,z10,tool0;

MoveL p50,v1000,z50,tool0;

MoveC p60,p70,v1000,z10,tool0;

MoveL p80,v1000,z50,tool0;

MoveC p90,p100,v1000,z10,tool0;

MoveL p110,v1000,z50,tool0;

MoveC p120,p130,v1000,z10,tool0;
```

在示教程序中需要添加 I/O 控制指令来控制除尘器等设备的工作状态。去毛刺机器人工作站外围设备开启顺序如下：

1）开启径向浮动工具。

2）供气。

3）开启除尘器。

4）给气缸供气。

5）夹具夹紧。

对应的 I/O 控制指令依次为 Set do1、Set do2、Set do3、Set do4、Set do5。当程序的所有运动指令运行结束时，需要按顺序关闭外围设备，关闭设备的 I/O 控制指令依次为 Reset do5、Reset do4、Reset do3、Reset do2、Reset do1。

因为夹具夹紧和松开工件的动作需要一段时间才能完成，因此在执行运动程序之前（即 Set do5 后）以及结束程序之后（即 Reset do1 后），应添加时间等待的指令（如 WaitTime 3 指令）。添加指令后程序如图 5-89 和图 5-90 所示。

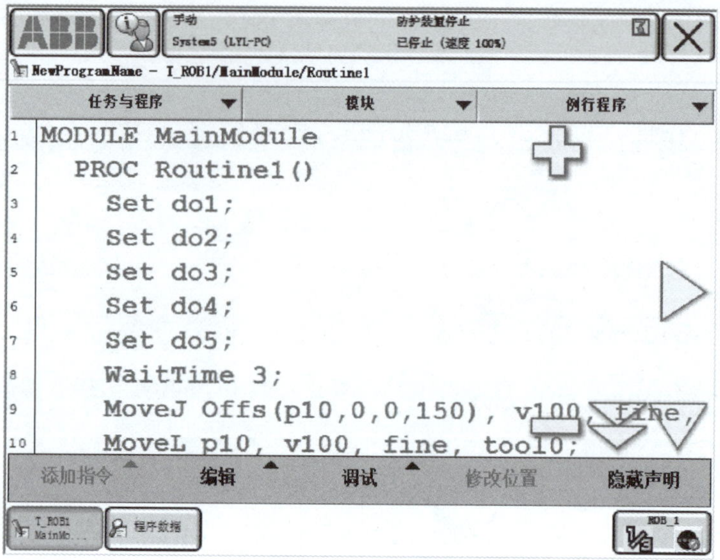

图5-89　开启外围设备控制

图5-90　关闭外围设备控制

5.3.4　去毛刺机器人工作站系统的安装

去毛刺机器人工作站的主要设备包括工业机器人、底座、径向浮动工具、轴向浮动工具、除尘器、空气压缩机、机器人法兰盘、电气控制柜、工作台、工装夹具、样件（试件）、旋转锉、护目镜和警报装置等。具体的系统安装如图 5-91 所示。图 5-91 中各部分名称见表 5-18。

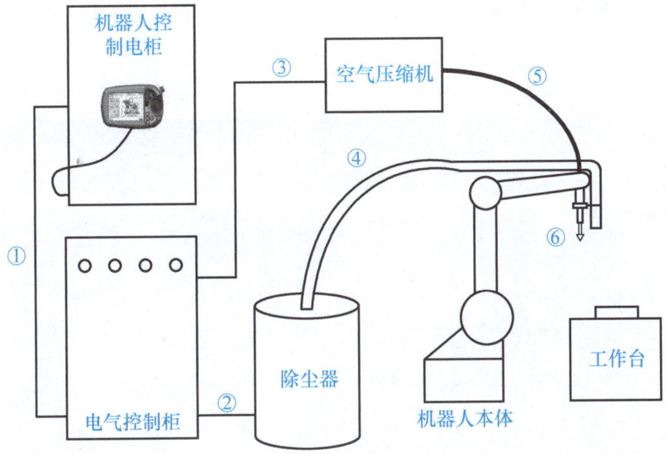

图5-91 去毛刺机器人工作站系统安装图

表 5-18 去毛刺机器人工作站系统名称

序号	名称	序号	名称
①	控制电缆	④	吸尘气管
②	除尘器控制电缆	⑤	径向浮动工具动力气管
③	空气压缩机控制电缆	⑥	末端径向浮动工具

去毛刺机器人工作站现场图如图 5-92 所示。

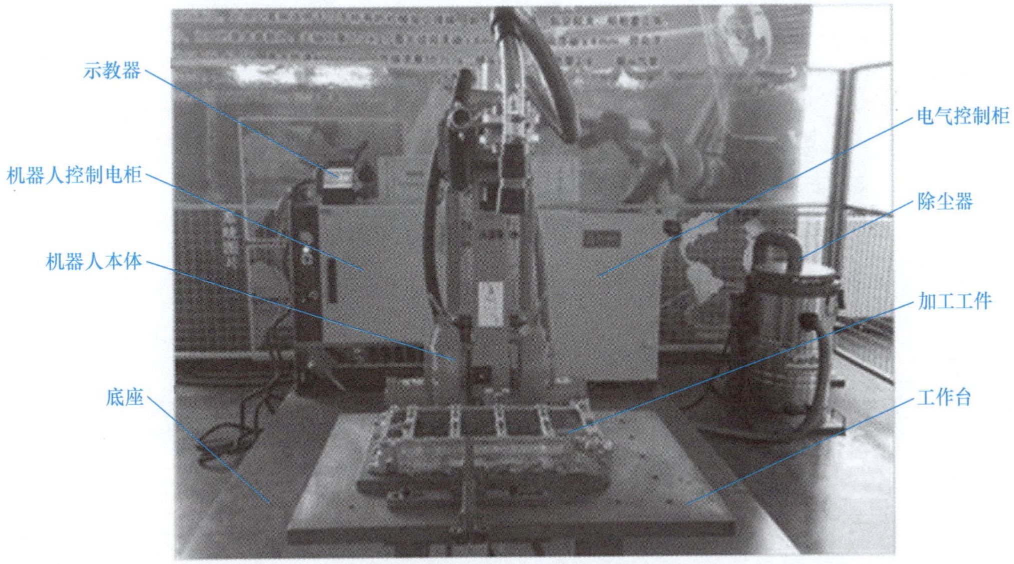

图5-92 去毛刺机器人工作站现场图

5.3.5 去毛刺机器人工作站的仿真及调试

去毛刺机器人工作站可使用 RobotArt 软件进行离线仿真操作，具体步骤如下：

1）导入机器人本体和工件模型，利用软件的三维球功能，将工件移动到工件坐标系位置，如图 5-93 所示。

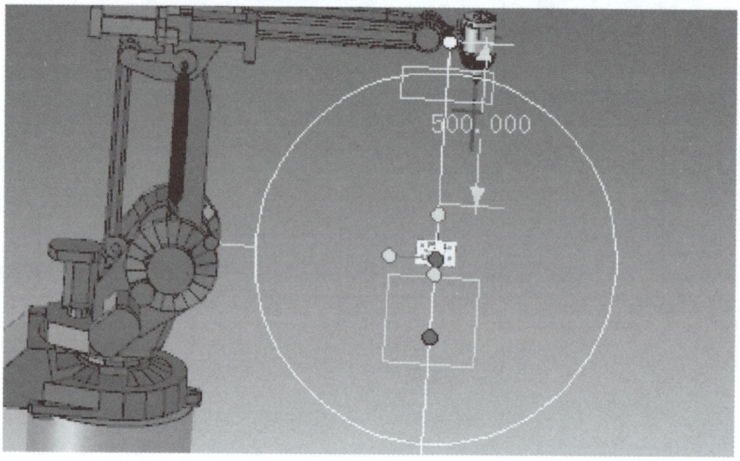

图5-93　导入机器人本体和工件模型

2）对工件执行生成轨迹操作，如图 5-94 所示，其中左侧图为生成的轨迹放大图，图中每个数字代表一个轨迹点（轨迹点的数量可参考 RobotArt 软件使用教程进行设置）。

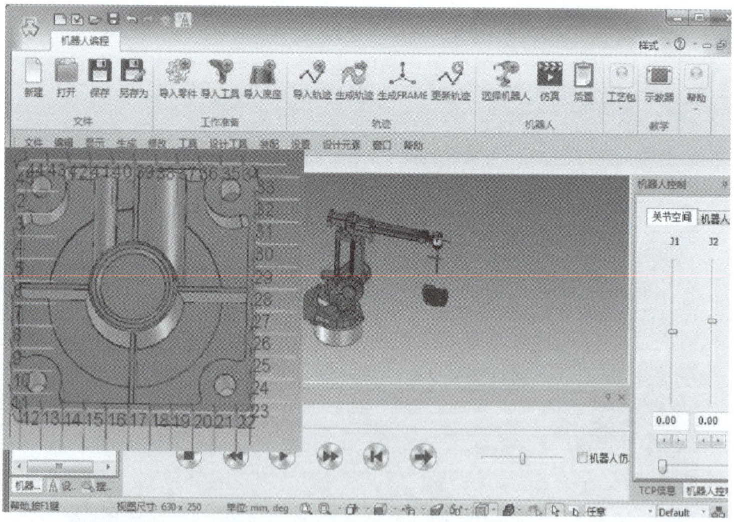

图5-94　对工件执行“生成轨迹”操作

3）生成轨迹后需要对模型进行仿真，如图 5-95 所示。在仿真管理窗口中勾选“机器人仿真”，然后单击“开始”按钮。在仿真过程中可通过调节速度条来实时调节机器人的仿真速度。

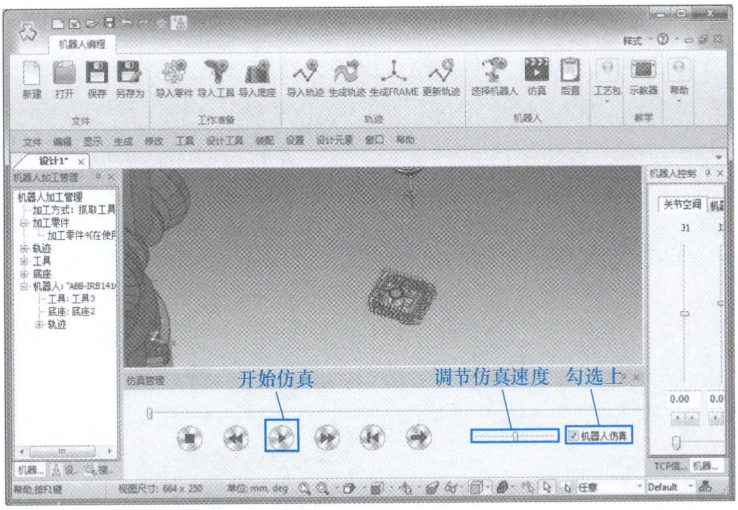

图5-95 机器人仿真

4）在机器人仿真过程中，如果出现某些轨迹点位置机器人不可达到的情况，调整好机器人加工姿态后需要再次对机器人进行仿真，如图 5-96 所示。

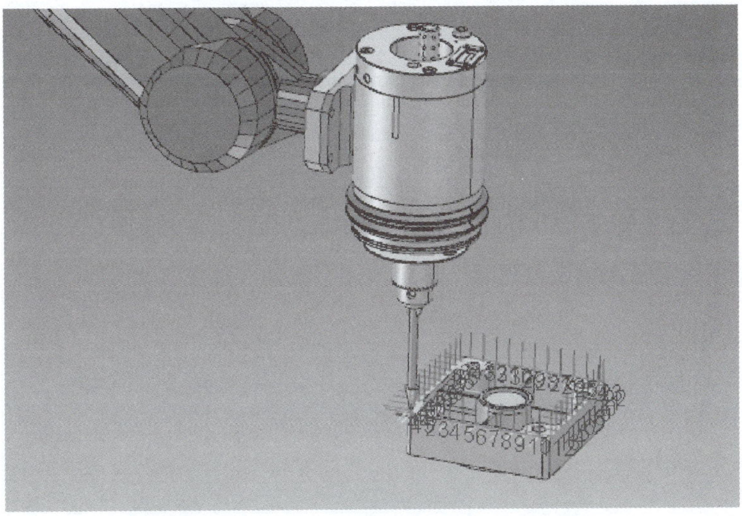

图5-96 调整机器人姿态

5）为了方便工件的拆卸，需要机器人在执行程序开始前和结束时添加进刀和退刀安全点。在设计窗口中单击鼠标右键，选中弹出的“插入过渡点”，然后利用三维球功能，将工具移动到轨迹上方的合适位置，从而生成进刀和退刀安全点轨迹。注意：软件会自动记录点的位置。

6）在“机器人加工管理”中分别将进刀和退刀安全点轨迹拖拽到工件加工轨迹的上方和下方。

7）安全点设置完成后，再对新的加工轨迹进行仿真，若有问题可再次调整机器人姿态。

8）单击工具栏“生成 FRAME”按钮，弹出图 5-97 所示的对话框。首先单击原点的“获取”按钮，在模型中选中原点即可获取该原点位置；然后单击 X 轴的“获取”按钮，在模型中选中另一点即可在 X 轴方向获取该点位置；最后单击 Y 轴（Z 轴）的“获取”按钮，在模型中选中与之前获取点不在同一直线上的点位置（注意：在获取原点位置时，该原点在模型中的位置应与在示教测定工件坐标系时的原点位置保持一致）。点位置获取完成后，将原点坐标值（X 值、Y 值、Z 值）更改为工件坐标数据的坐标值。

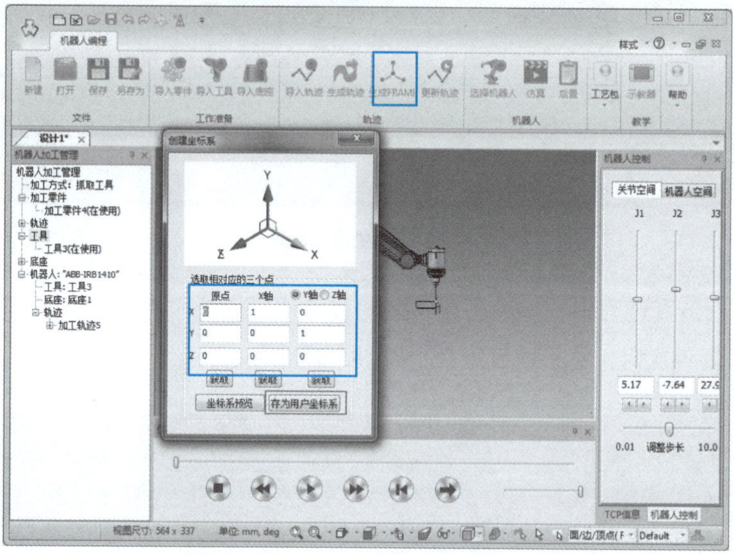

图5-97　修改工件坐标数据

9）在“机器人加工管理”中右键单击“工具”，然后选择“设置 TCP”，将示教测定的工具数据填入对话框中，再依次单击“保存”和“应用”按钮，如图 5-98 所示。

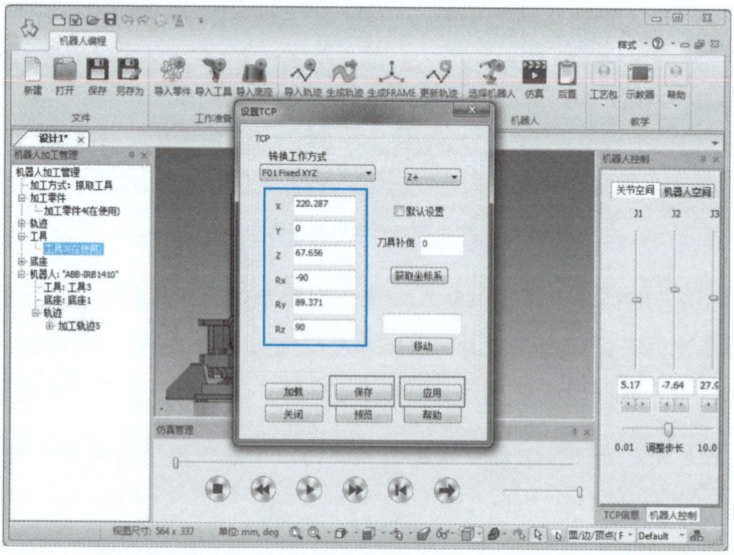

图5-98　修改工具数据

10）在程序中添加 I/O 控制指令，添加指令的顺序应与示教编程时保持一致。

11）单击工具栏中“后置”按钮，生成机器人代码，如图 5-99 所示。

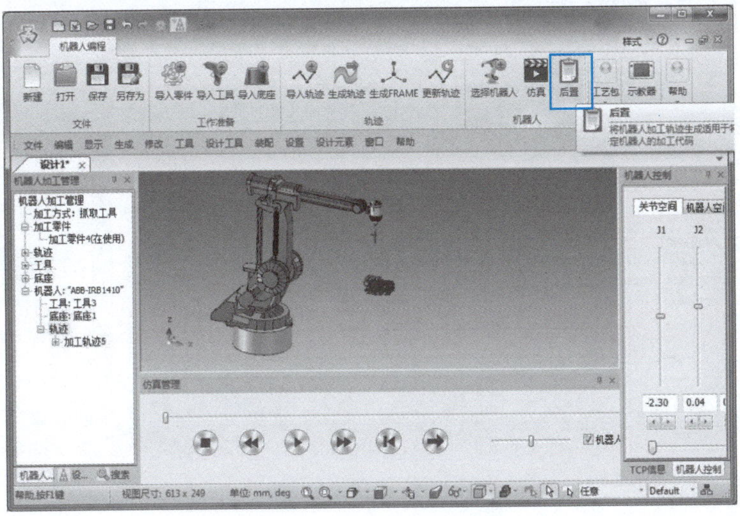

图5-99 执行“后置”功能

12）如图 5-100 所示，在“后置处理”对话框的“转换”选项区中选择“Fixed-Frame”工件坐标系，然后单击“生成”按钮。

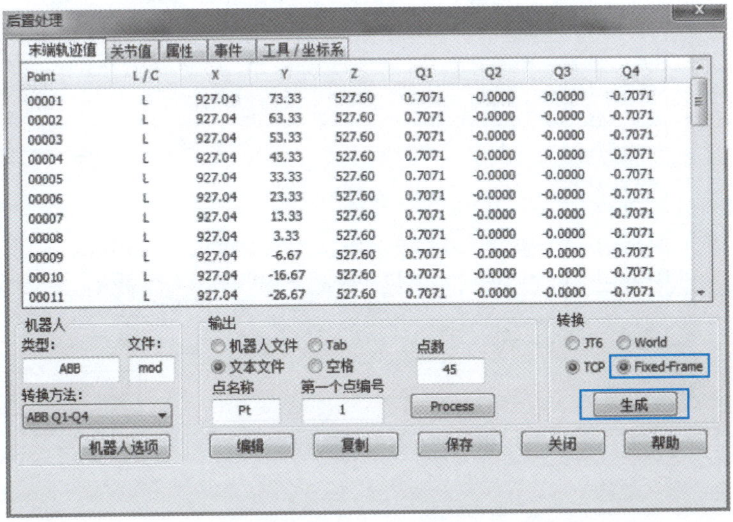

图5-100 生成代码

13）单击工具栏中“保存”按钮，将生成的机器人代码文件“main01”保存在 RobotArt 安装目录下（注：文件名称应设置为英文或数字），如图 5-101 所示。

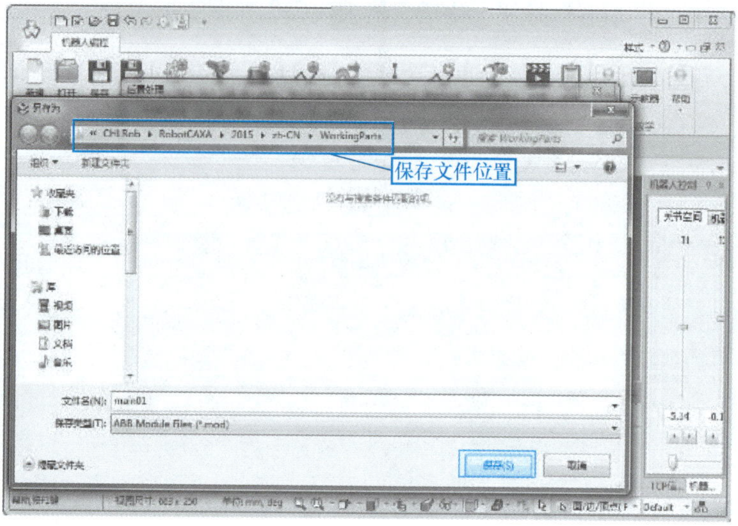

图5-101 选择保存目录

14）将机器人代码文件导入示教器中，导入后程序界面如图 5-102 所示。

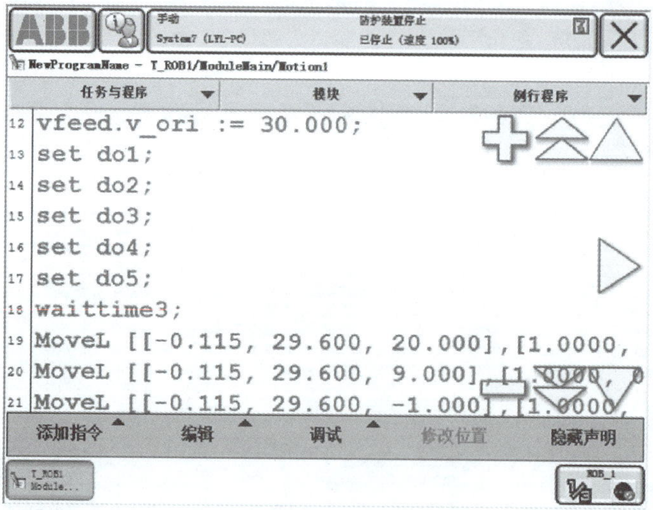

图5-102 将代码导入示教器

15）选择程序编辑器中的“调试”，单击“PP 移至 Main”按钮，程序左侧的箭头指针即可切换到程序的第一行，如图 5-103 所示。

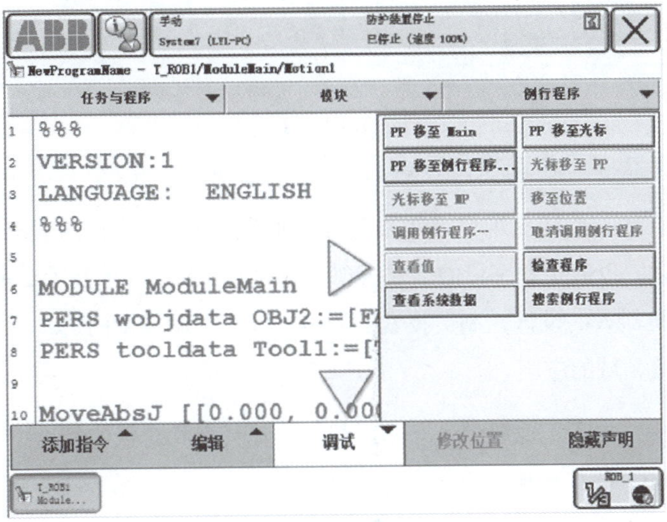

图5-103 机器人程序调试

16）启动工作站的安全防护系统。在示教器的“输入输出”窗口中将“do5”置为“1”，然后将执行程序前的“WaitTime”指令的时间参数设为15s或更长（此为操作者离开工作站的时间），如图5-104所示。

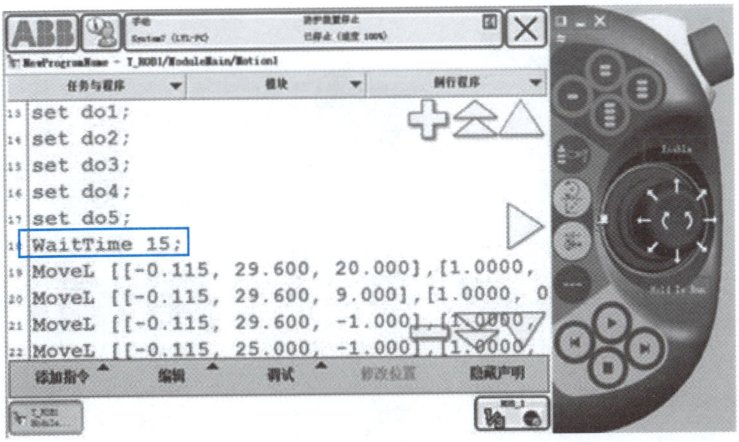

图5-104 设置WaitTime时间

17）使用示教器单步运行程序来检查机器人的运动轨迹，当轨迹确认无误后，则可以将机器人从手动模式切换到自动模式来运行程序。

18）安全运行无误后，去毛刺机器人的仿真及调试完成。

5.4 数控加工机器人工作站

5.4.1 数控加工机器人工作站任务分析

数控加工是指在数控机床上进行零件加工的一种工艺方法，由控制系统发出指令使刀具做符合要求的各种运动，以数字和字母的形式表现工件的形状和尺寸等技术要求和加工工艺要求。近年来，随着工业机器人的设计、制造技术的发展，以及控制技术的进步，工业机器人也逐步开始了在数控加工等领域的应用。

数控加工过程中，由于工业机器人与数控机床相比具有相对低的精度（工业机器人运动控制精度一般为 0.1mm，数控机床运动控制精度可达 0.001mm），其应用仍受到一定的限制；但在金属薄壁件、塑料、复合材料及木材等加工领域，由于切削力较小，精度要求较低，所有切削机器人技术的研究和应用越来越受到关注。相对数控机床而言，数控加工机器人具有显著的价格优势和更大的工作空间和更高的柔性。图 5-105 所示为每立方米空间的投资对比。

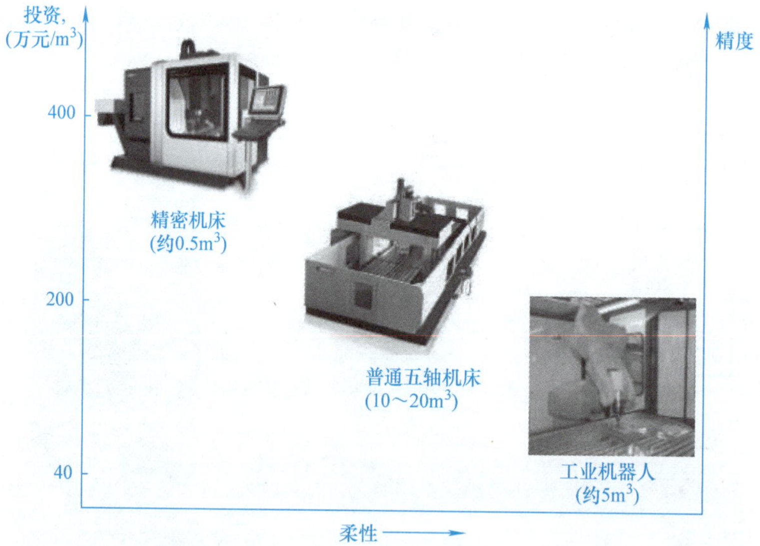

图5-105　数控加工设备投资对比

工厂主要以生产为主，对数控加工的精度和效率要求较高，产品相对单一，且具有较高的资金承受能力。而学校以教学科研为主，对数控加工的精度和效率要求不高，加工的产品种类多样，对数控加工设备的工作范围和柔性要求较高，资金承受能力有限。因此，工厂更适合采用数控机床来进行数控加工，而数控加工机器人更适合学校。下面以机器人平面铣削为例，对数控加工机器人工作站的系统进行介绍。

5.4.2 数控加工机器人工作站硬件方案设计

1. 机器人的选型

ABB 是全球领先的工业机器人供应商之一，IRB 2400 型机器人是全世界同类产品中最受欢迎的一款工业机器人，其由一系列品种齐全、满足各类应用需求的机器人组成，能最大程度地提高生产效率，具有可靠性高、维护间隔时间长的优点。IRB 2400 型机器人设计紧凑，便于安装，全系列可倒置安装。这里，数控加工机器人工作站选用 ABB IRB 2400-16 型机器人，图 5-106 所示为 ABB IRB 2400-16 型机器人与控制柜，该机器人为六轴工业机器人，末端承载能力为 16kg。IRB 2400-16 型机器人强劲有力，广泛应用于物料搬运、上下料、数控加工等领域。

ABB IRB 2400-16 型机器人的工作范围如图 5-107 所示。

图5-106 IRB 2400-16型机器人

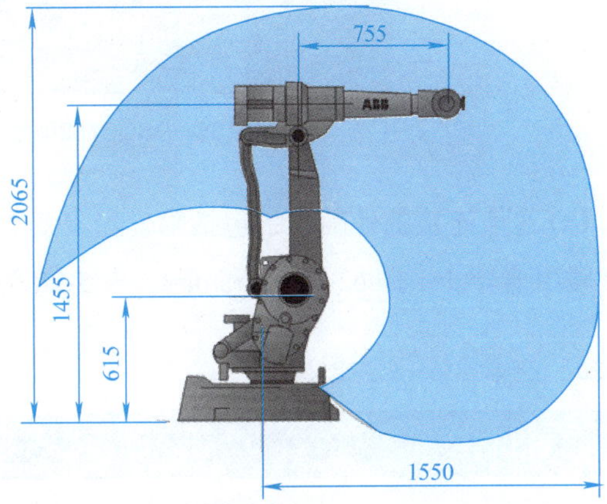

图5-107 IRB 2400-16型机器人工作范围（单位：mm）

IRB 2400-16 型机器人的主要参数见表 5-19。

表 5-19 IRB 2400-16 型机器人的主要参数

型号规格			
轴数	6	防护等级	IP67
承载能力	16kg	安装方式	落地式
到达最大距离	1.55m	机器人底座规格	723mm × 600mm
性能及运动范围			
重复定位	0.03mm		
轴序号	动作范围	最大速度	
1 轴	回转：+180° ~ −180°	150（°）/s	
2 轴	立臂：+110° ~ −100°	150（°）/s	
3 轴	横臂：+65° ~ −60°	150（°）/s	
4 轴	腕：+200° ~ −200°	360（°）/s	
5 轴	腕摆：+120° ~ −120°	360（°）/s	
6 轴	腕转：+400° ~ −400°	450（°）/s	
机器人质量	380kg		
环境温度	5~45℃		
最大湿度	95%		
最大噪声	70dB(A)		

2. I/O通信模块

根据使用需求，I/O 通信模块选用 DSQC652 型数字模块和 XT31 型电源模块，如图 5-108 所示。

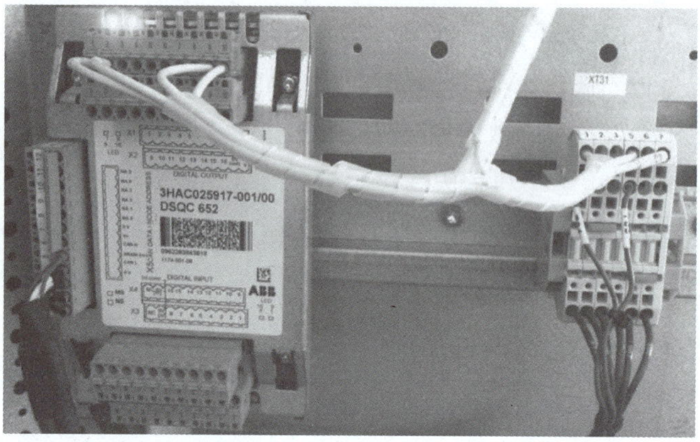

图5-108　DSQC652型数字模块及XT31型电源模块

I/O 通信连接的外围设备包括除尘器、变频器、蜂鸣警报器和安全光栅。所以要定义 4 个数字输出信号 do1、do2、do3 和 do4。表 5-20 为数字输出信号的相关定义。

表 5-20　数字输出信号相关定义

输出信号	功　能
do1	do1 值为 1 时，电主轴开始转动；值为 0 时，电主轴停止转动
do2	do2 值为 1 时，除尘装置打开；值为 0 时，除尘装置关闭
do3	系统模式状态，机器人在手动模式下值为 0，自动模式下值为 1
do4	do7 值为 1 时，安全光栅才开启检测

3. 精密水冷电主轴

精密水冷电主轴为机器人末端加载的执行器，用于完成对试件的铣削加工，图 5-109 所示为本例选用的精密水冷电主轴。该主轴额定功率为 1.5kW，转速在 0~24000r/min 范围内可调，采用三相感应异步电动机，耐用免维护，轴端采用易于更换刀具的 ER16 刀柄。该主轴采用精密陶瓷球混合免润滑轴承，在高速运转下具有优异的运行精度，通过气封避免内部被污染。良好的机械和电气设计使电主轴具有运转平稳、静音和工作寿命长等特点。

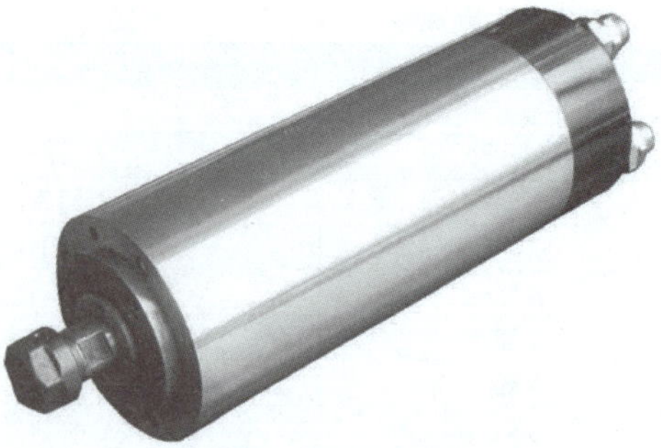

图5-109　精密水冷电主轴

4. 水冷机

水冷机是为精密电主轴提供冷却水的设备，由于电主轴在加工过程中会产生热量，如果不能及时散去，会导致电主轴工作效率下降，严重的会导致电主轴过热而损坏。图 5-110 所示为本例选用的水冷机。

该水冷机控制系统采用液晶电脑控制器全自动控制，具有固定温度和室温同调两种控制方式，水温控制固定温度模式在 15~50℃之间，室温同调模式的范围为室温 ±9℃，控制精度为 ±1℃。该水冷机具有故障自动诊断功能，直接将故障点显示在屏幕上，提示用户快速处理，并可将故障信号反馈给总控平台，对电主轴系统进行保护，避免造成设备和加工零件损坏；同时提供多重保护功能和无源报警端子、远程控制端子，易于实现工作站系统的集中控制和监控，有效保证工作站的安全和使用寿命。

5. 除尘装置

除尘装置用于除去在加工过程中产生的切屑，DL-1280 型除尘器如图 5-111 所示，其黑色开关（右）为闭合开关，红色开关（左）为断开开关。该除尘装置的过滤系统有三层，其中一层是以多元酯材料创新制作的 FPPR8200 过滤器，这种过滤器可以过滤 0.28μm 的微尘，过滤效果可达 99.993%，另外一层为用织布制作的 FP3100 过滤器，其面积为 3100cm^2，能够过滤掉 99.99% 的 0.3~0.5μm 的微尘，三层过滤系统保证了被排出的空气 100% 干净。该除尘装置有手动振尘的功能，当吸力因过滤器被堵塞而不足时，使用者只需要轻轻晃动振尘杆，就可以使过滤器通畅。该除尘装置可以吹吸同时使用，当用吸的方式难以清理死角或者不能用吸尘装置进行工作的情况时，就可以采用边吹边吸的方式，效果更佳。

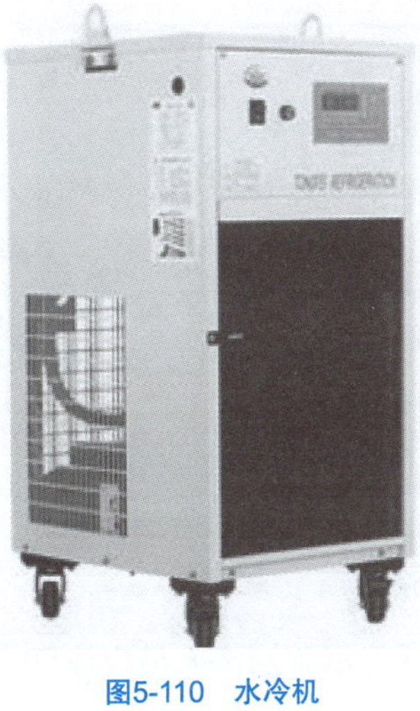

图5-110　水冷机

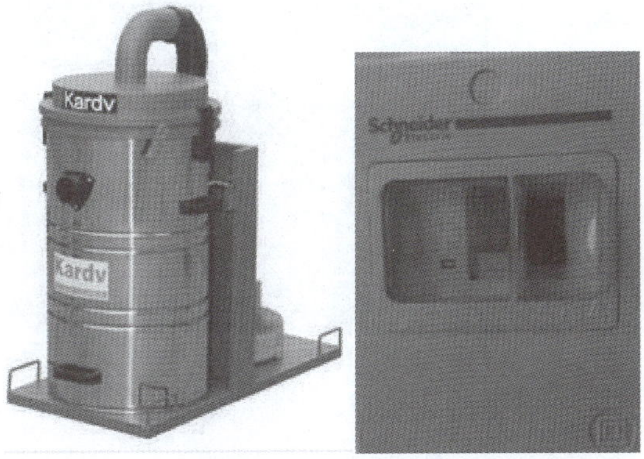

图5-111　DL-1280型除尘器

6.总控平台

总控平台安装于控制柜中，包括所有的电源开关、中继元件及控制电主轴的变频器，图

5-112 所示为安装了总控平台的总控制柜。总控平台以机器人为控制枢纽，通过对中继电气元件的控制实现对电主轴、水冷机、除尘装置、工装夹具的自动化控制，并能采集各位移传感器、安全传感器的数据，能够根据具体情况触发报警系统。

7. 工作台与其他附件

工作台与其他附件如图 5-113 所示，附件有卡盘、铣刀、护目镜和毛刷等。

图5-112　总控制柜

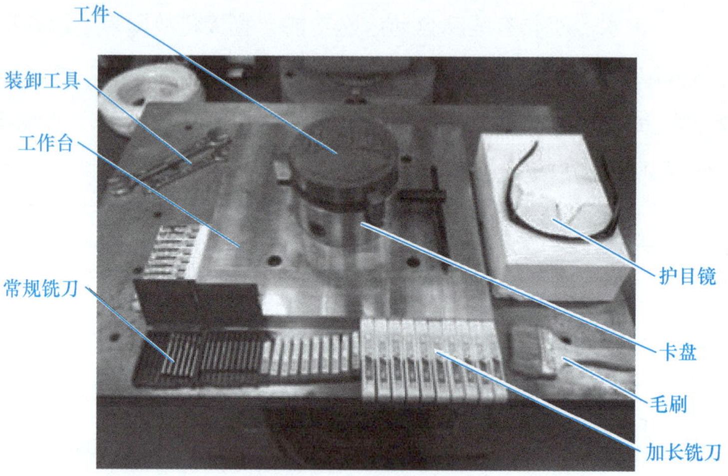

图5-113　工作台及附件

8. 安全防护系统

数控加工机器人工作站的安全防护系统包括安全防护栏、安全光栅、三色报警灯和报警器，图 5-114 所示为本例选用的配件。

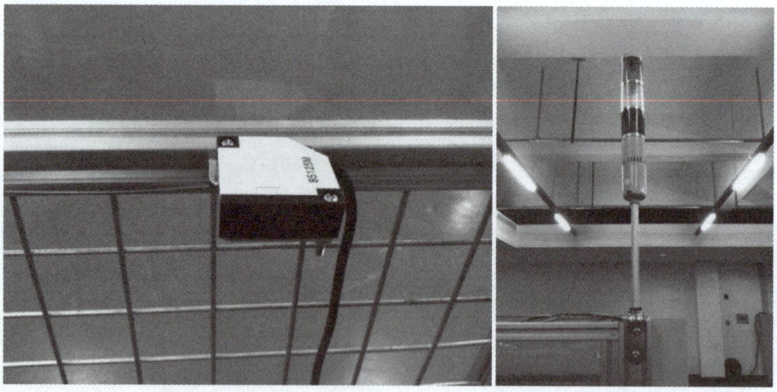

图5-114　安全防护栏及三色报警灯

当机器人处于手动模式时，三色报警灯的黄灯会闪烁，示意操作人员应注意安全；当机器人处于自动模式时，三色报警灯的绿灯会闪烁，示意系统运行正常；防护栏门上安装有安全光栅，在自动模式下检测到有人进入工作站时，机器人会紧急停止，同时三色报警灯的红灯会闪烁，报警器报警，以保护操作人员的人身安全。

5.4.3 数控加工机器人工作站系统的安装

数控加工机器人工作站主要设备包括工业机器人、精密水冷电主轴、水冷机、除尘装置、数控铣削刀具、连接法兰盘、电气控制柜、安全防护系统、工作台及卡盘、样件（试件）等，具体工作站系统现场安装图如图 5-115 所示。图 5-115 中各部分名称见表 5-21。

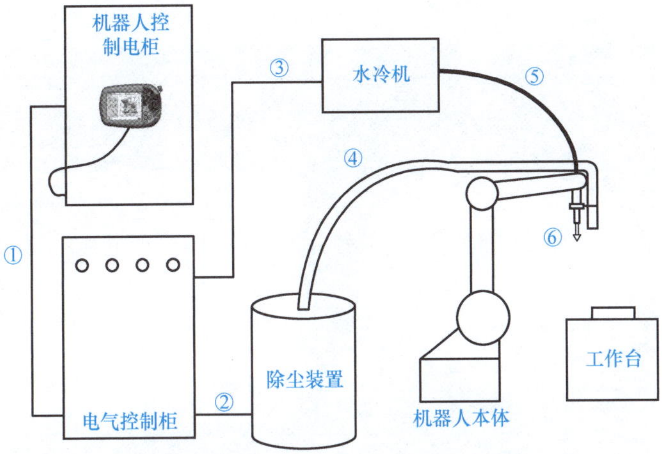

图5-115　数控加工机器人工作站系统安装图

表 5-21　数控加工机器人工作站系统名称

序号	名称	序号	名称
①	控制电缆	④	吸尘气管
②	除尘装置控制电缆	⑤	冷却水循环管路
③	水冷机控制电缆	⑥	精密水冷电主轴

数控加工机器人工作站现场放置图如图 5-116 所示。

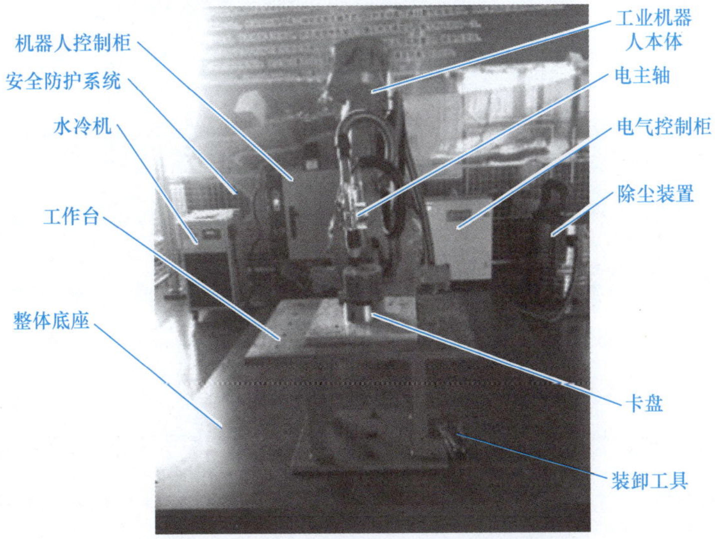

图5-116　数控加工机器人工作站现场放置图

5.4.4 数控加工机器人工作站的仿真及调试

1. 数控加工机器人的离线编程

以平面铣削为例，利用 RobotArt 软件进行虚拟仿真编程，具体的操作步骤如下：

1）用 CATIA 生成所需的 CAM 轨迹文件“pingmian.aptsource”，如图 5-117 所示。

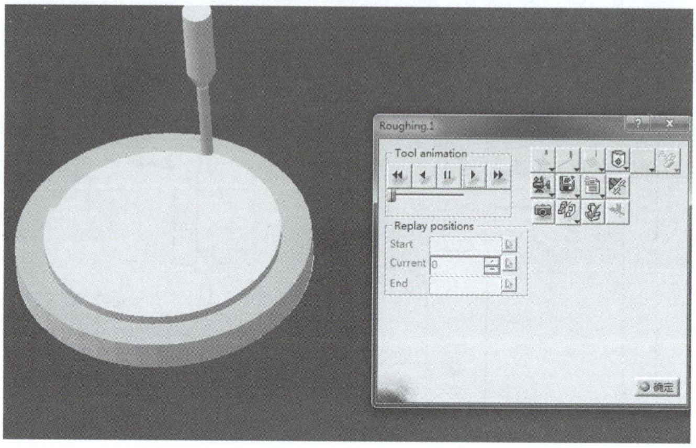

图5-117 生成CAM轨迹

2）打开 RobotArt 离线编程软件，导入并打开电主轴模型“dianzhuzhou.STEP”文件，如图 5-118 所示。

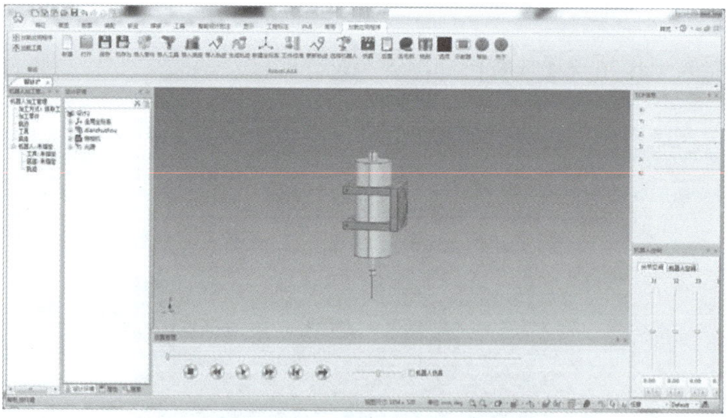

图5-118 导入并打开电主轴模型

3）如图 5-119 所示，将文件命名为“dianzhuzhou.ics”，然后单击“保存”按钮，将文件另存到软件安装目录文件下。

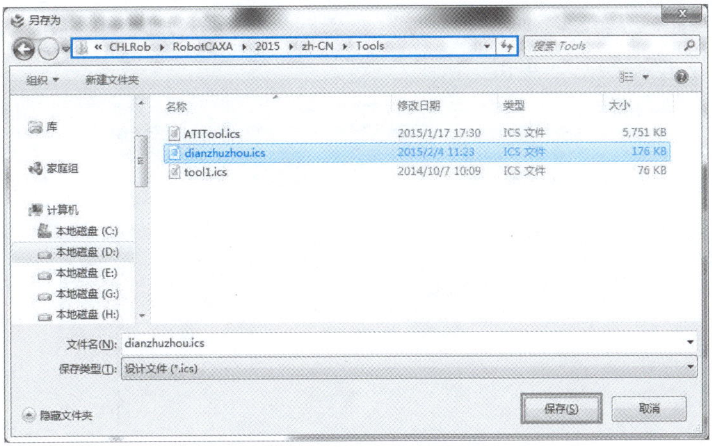

图5-119 保存在软件安装目录

4）单击“导入轨迹”按钮，将图5-120所示的用CATIA生成的CAM轨迹文件“pingmian.aptsource”导入。

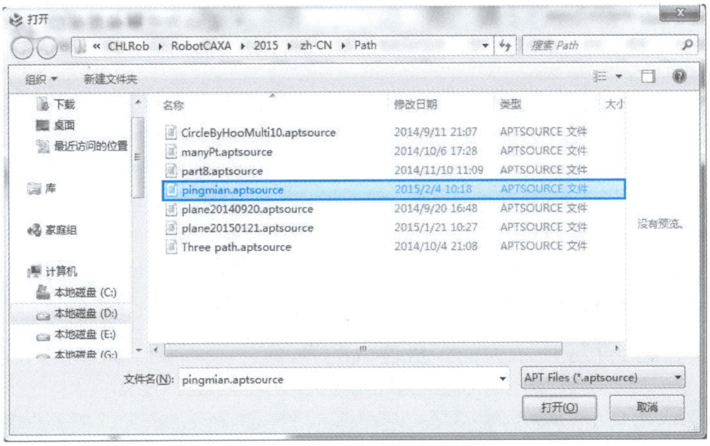

图5-120 导入轨迹文件

5）轨迹导入后如图5-121所示，工件坐标系的原点在轨迹中心位置。

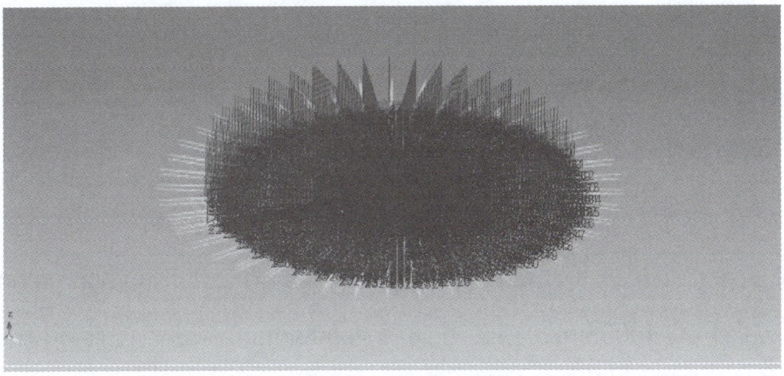

图5-121 轨迹导入成功

6）单击“选项”按钮，弹出“选项”对话框，对轨迹线显示状态进行设置，如图 5-122 所示，仅勾选“显示轨迹点”，单击“确定”按钮。

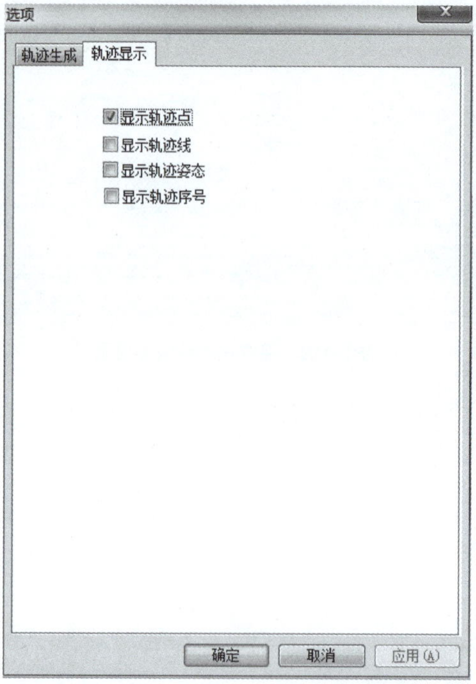

图5-122 “轨迹显示”选项卡

7）单击“选择机器人”按钮，弹出“机器人设置”对话框，选择“ABB-IRB 2400-16”机器人，软件会计算机器人的可到达情况，如没有问题会显示绿色，单击“插入模型”按钮，插入机器人，图 5-123 所示为插入机器人的界面。

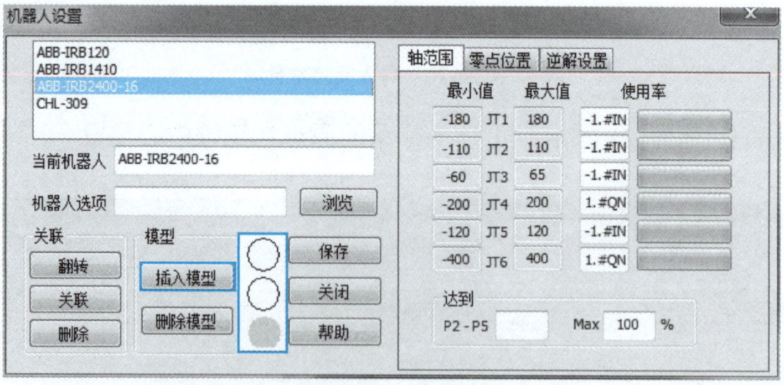

图5-123 选择机器人

8）工件坐标系相对于机器人基础坐标系的理论偏移值为（1000.000，0.000，500.000），故需要将工件在 X 方向移动 1000mm，在 Z 方向移动 500mm。单击“设计环境”对话框中的“零件 1”，选中该零件，按下键盘上的快捷键 <F10>，弹出三维球。按住鼠标左键，向 X 方向拖动，将偏移值设置为“1000”，调整界面如图 5-124 所示。

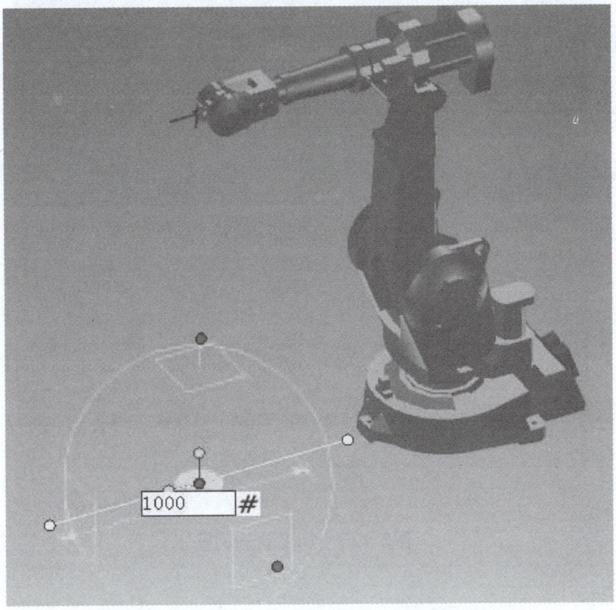

图5-124 设置X方向偏移值

9）按住鼠标左键，向 Z 方向拖动，将偏移值设置为“500”，如图 5-125 所示。

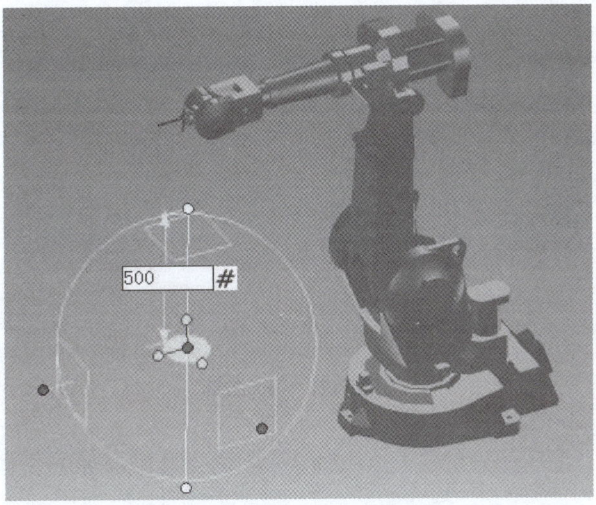

图5-125 设置Z方向偏移值

10）如图 5-126 所示，此时轨迹位置就调整到预先设定的理论位置。

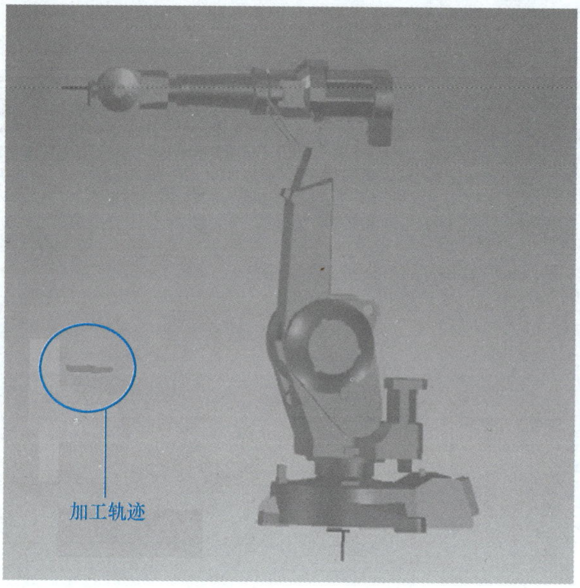

图5-126　加工轨迹调整

11）单击“导入工具”按钮，弹出图 5-127 所示的对话框。选择“dianzhuzhou.ics”，单击“打开”按钮，导入工具。

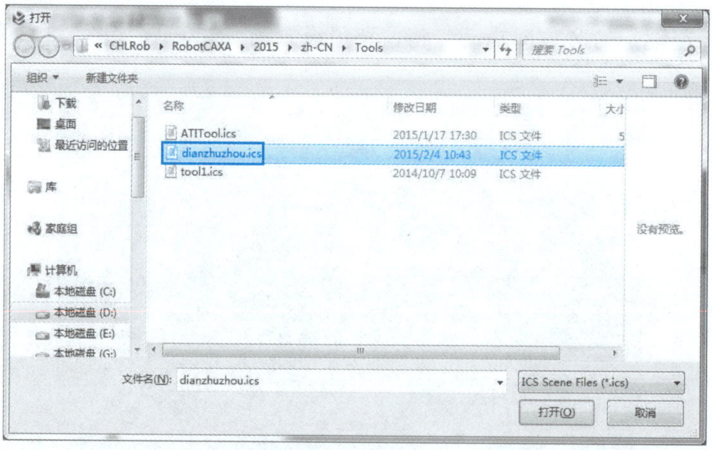

图5-127　导入工具

12）导入工具后，工具会与机器人第六轴法兰盘自动装配，如图 5-128 所示。

13）调试好后，选择仿真管理中的“机器人仿真”，单击“仿真管理”对话框中的运行按钮，开始仿真。确认轨迹无误后，单击“后置”按钮，对轨迹进行后置处理。由于轨迹是在工件坐标系中生成的，故选择“Fixed-Frame”，其他选项根据实际情况进行选择。最后单击“生成”按钮，将调试好的轨迹导出为“*.mod”格式的机器人轨迹文件，图 5-129 所示为“后置处理”对话框。

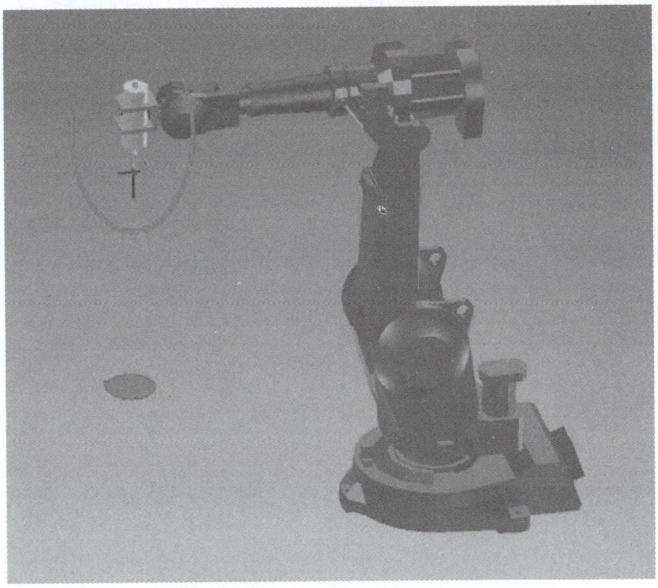

图5-128 工具与法兰盘自动装配

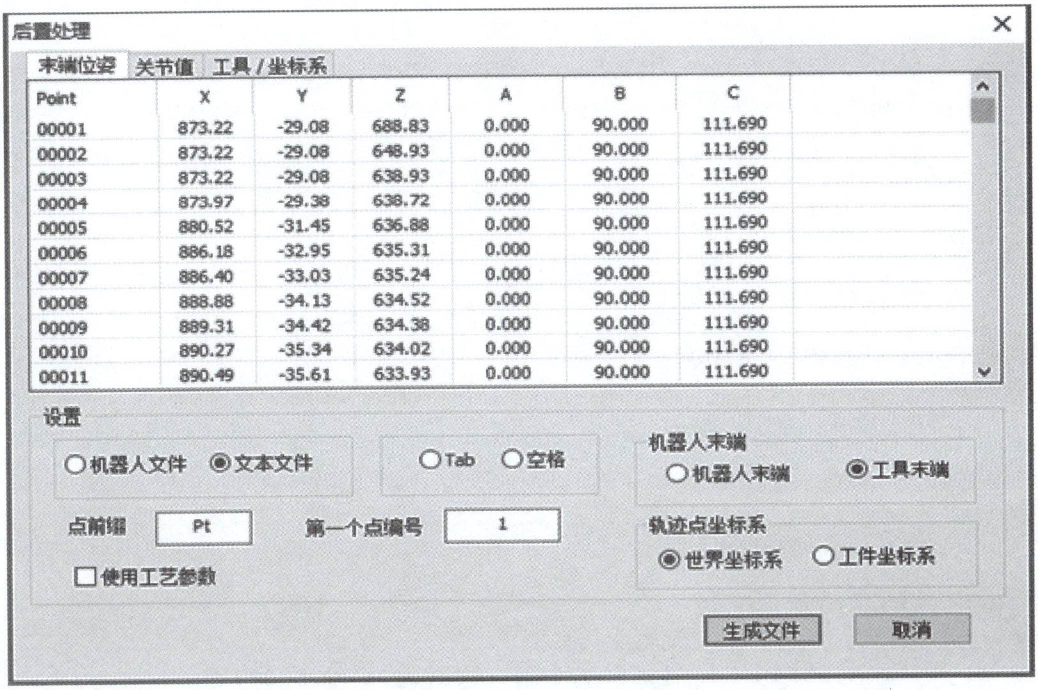

Point	X	Y	Z	A	B	C
00001	873.22	-29.08	688.83	0.000	90.000	111.690
00002	873.22	-29.08	648.93	0.000	90.000	111.690
00003	873.22	-29.08	638.93	0.000	90.000	111.690
00004	873.97	-29.38	638.72	0.000	90.000	111.690
00005	880.52	-31.45	636.88	0.000	90.000	111.690
00006	886.18	-32.95	635.31	0.000	90.000	111.690
00007	886.40	-33.03	635.24	0.000	90.000	111.690
00008	888.88	-34.13	634.52	0.000	90.000	111.690
00009	889.31	-34.42	634.38	0.000	90.000	111.690
00010	890.27	-35.34	634.02	0.000	90.000	111.690
00011	890.49	-35.61	633.93	0.000	90.000	111.690

图5-129 “后置处理”对话框

14）对生成的“*.mod”格式的文件用记事本打开做适当修改，以下为主要的程序代码：

```
%%%
MODULE PROG_00
VAR speeddata vfeed;
```

```
VAR speeddata vrapid;

VAR zonedata zz;

PERS wobjdata wobj;

PERS tooldata tool1 := [TRUE, [[202.772,-0.240232,61.5689],
[0.707, 0, -0.707, 0]],[3.5, [100, 0, 60],[1, 0, 0, 0], 0, 0, 0]];


PROC Main()

ConfL\Off;

vfeed.v_tcp := 83.333;

vfeed.v_ori := 30.000;

ACCSET 20.0, 50.0;

zz.finep := FALSE;

zz.pzone_tcp := 5.000;

zz.pzone_ori := 8.000;

zz.pzone_eax := 8.000;

zz.zone_ori := 8.000;

zz.zone_leax := 8.000;

zz.zone_reax := 0.800;

wobj.robhold:=FALSE;

wobj.ufprog:=TRUE;

wobj.ufmec:="";

wobj.uframe.trans := [1032.100, -5.500, 696.500];

wobj.uframe.rot := [1.000, 0.000, 0.000, 0.000];

wobj.oframe.trans:=[0,0,0];

wobj.oframe.rot:=[1,0,0,0];
```

```
MoveAbsJ [[0.000, 0.000, 0.000, 0.000, -20.000,
0.000],[9E9,9E9,9E9,9E9,9E9,9E9]]\NoEOffs,vfeed,fine,tool0;
    Set do1;
    Set do2;
    WaitTime 15;
    vfeed.v_tcp := 5;
    vfeed.v_ori := 30.000;
    MoveL [[74.417, -27.712, 8.000],[1.0000, 0.0000, 0.0000,
0.0000],[1,1,1,1],[9E9,9E9,9E9,9E9,9E9,9E9]],vfeed,zz,tool1\
WObj:=wobj;
    MoveL [[74.417, -27.712, -2.000],[1.0000, 0.0000, 0.0000,
0.0000],[1,1,1,1],[9E9,9E9,9E9,9E9,9E9,9E9]],vfeed,zz,tool1\
WObj:=wobj;
    MoveL [[70.107, -26.104, -2.000],[1.0000, 0.0000, 0.0000,
0.0000],[1,1,1,1],[9E9,9E9,9E9,9E9,9E9,9E9]],vfeed,zz,tool1\
WObj:=wobj;
    ......
    MoveL [[1.276, 0.183, -10.000],[1.0000, 0.0000, 0.0000,
0.0000],[1,1,1,1],[9E9,9E9,9E9,9E9,9E9,9E9]],vfeed,zz,tool1\
WObj:=wobj;
    MoveL [[1.276, -0.183, -10.000],[1.0000, 0.0000, 0.0000,
0.0000],[1,1,1,1],[9E9,9E9,9E9,9E9,9E9,9E9]],vfeed,zz,tool1\
WObj:=wobj;
    MoveL [[1.173, -0.535, -10.000],[1.0000, 0.0000, 0.0000,
0.0000],[1,1,1,1],[9E9,9E9,9E9,9E9,9E9,9E9]],vfeed,zz,tool1\
WObj:=wobj;
    vfeed.v_tcp := 16.667;
    vfeed.v_ori := 30.000;
    MoveL [[1.173, -0.535, 0.000],[1.0000, 0.0000, 0.0000,
```

```
0.0000],[1,1,1,1],[9E9,9E9,9E9,9E9,9E9,9E9]],vfeed,zz,tool1\
WObj:=wobj;
    Reset do2;
    Reset do1;
    ENDPROC
    ENDMODULE
```

主要编辑的代码如下：

PERS tooldata tool1 := [TRUE, [[202.772,-0.240232,61.5689], [0.707, 0, -0.707, 0]], [3.5, [100, 0, 60], [1, 0, 0, 0], 0, 0, 0]]；// 根据之前得出的实际的工具数据修改 X、Y、Z 的值。

wobj.uframe.trans := [1032.100, -5.5000, 696.500]；// 根据实际工件位置修改工件坐标系相对于机器人基础坐标系的偏移值，程序导入机器人并运行后再根据实际情况修改。

Set do1；// 开启电主轴。

Set do2；// 开启吸尘装置。

WaitTime 15；// 操作人员到防护栏外的时间设定，单位为秒。

Reset do1；// 关闭电主轴。

Reset do2；// 关闭吸尘装置。

2. 数控加工机器人的现场调试

平面铣削只涉及粗加工，在铣削加工前将电主轴的刀具换成直径为 6mm 的平面铣刀。将生成的机器人代码导入机器人示教器中进行实际手动运行调试。图 5-130 所示为利用机器人进行平面铣削。

调试时，程序轨迹与实际工件位置之间可能存在偏差，这是因为工件坐标系相对于机器人基础坐标系的理论偏移与实际情况有误差，可通过手动修改程序的方式进行修正。数控加工程序修改完成后，在机器人的手动模式下，将程序完整地运行一遍，确认无误后，再将机器人切换到自动模式，自动运行程序，加工下一个工件。机器人铣削加工过程如图 5-131 所示。

图5-130　平面铣削实际加工

图5-131　机器人铣削加工过程

5.5 自动装配机器人工作站

5.5.1 自动装配机器人工作站任务分析

自动装配机器人是工业生产中用于在装配生产线上对零件或部件进行装配的工业机器人，它属于高、精、尖的机电一体化产品，是集光学、机械、微电子、自动控制和通信技术于一体的高科技产品，具有很强的功能和很高的附加值。凭借其速度快、精度高、柔性好的特点，自动装配机器人已经在国内外得到了广泛应用，主要用于各种电器（包括家用电器，如电视机、录音机、洗衣机、电冰箱、吸尘器等）制造、小型电机、汽车及其部件、计算机、玩具、机电产品及其组件的装配等领域。

经过多年的研究与开发，我国在自动装配机器人方面有了很大的进步。目前在自动装配机器人研制方面，基本掌握了机构设计制造技术，解决了控制、驱动系统的设计和配置、软件设计和编制等关键技术，还掌握了自动化装配线及其周边配套设备的全线自动通信、协调控制技术；在基础元器件方面，谐波减速器、六轴力传感器、运动控制器等也有了突破。

5.5.2 自动装配机器人工作站硬件方案设计

1. 自动装配机器人的选型

自动装配机器人工作站所用的机器人需要具备快速、灵活、精度高等特点。本工作站选择了两台 ABB IRB 120 型机器人，进行鼠标装配工作。下面简要介绍选择机器人型号和数量的依据和方法。

（1）机器人工作范围的选择　根据常见的无线鼠标的大小，可以推算出自动装配机器人工作站所需的料盘尺寸大致为 400mm × 300mm，电池和 USB 接收器的料盘略小，考虑到要给机器人安装留有一定的空间，所以机器人需要选择工作范围在 600mm 以上的型号。

机器人工作范围变大，整个工作站所占用的空间也要随之增大，并且机器人的加工精度会下降，所以机器人的工作范围不能太大装配。八只无线鼠标在一张桌子上就可实现，因此机器人的工作范围选在 800mm 以内。

（2）机器人承载能力的选择　常见的无线鼠标质量为 300~400g，机器人设计为能够拾取质量最大为 500g 的物品。机器人需要安装用于拾取鼠标各零件的末端执行器，初步确定末端执行器的最大设计质量为 2kg，所以本工作站机器人的承载能力应该在 2.5kg 以上。

（3）机器人数量的选择　机器人的数量取决于工作站的需求，如本工作站的一项教学目的为实现两台机器人间的通信，因此机器人数量为两台。

实际使用过程中，机器人的数量需要结合成本与装配速度一同考虑。装配速度一般用节拍来描述，节拍是指机器人完成一套零件装配所花费的时间。显然，当机器人数量增多后，其节拍会相应变快，购买机器人的成本也会增加，需要进行权衡。

以无线鼠标的自动装配生产线为例，所用机器人需要具备快速、灵活、精度高等特点，因此确定使用两台 ABB IRB 120 型机器人来完成该工作。六自由度的 ABB IRB 120 型工业机器人配套的控制柜型号为 IRC5。ABB IRB 120 型工业机器人是迄今常用的最小的多用途机器人，已经获得 IPA 机构“ISO5 级洁净室 (100 级)”的达标认证，能够在严苛的洁净室环境中充分发挥优势。该机器人本体的安装角度不受任何限制；机身表面光洁，便于清洗；空气管线与用户信号线缆从底脚至手腕全部嵌入机身内部，易于机器人集成。由于具有出色的便携性与集成性，ABB IRB 120 型工业机器人已成为同类产品中的佼佼者。

ABB IRB 120 型工业机器人本体和 IRC5 紧凑型控制柜如图 5-132 所示，其工作范围如图 5-133 所示。

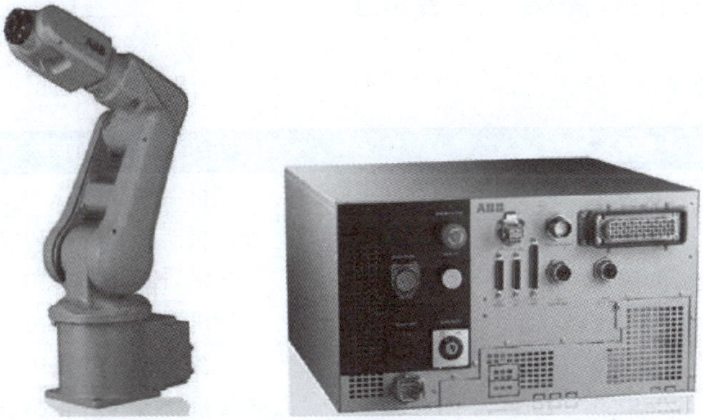

图5-132 ABB IRB 120型工业机器人及IRC5紧凑型控制柜

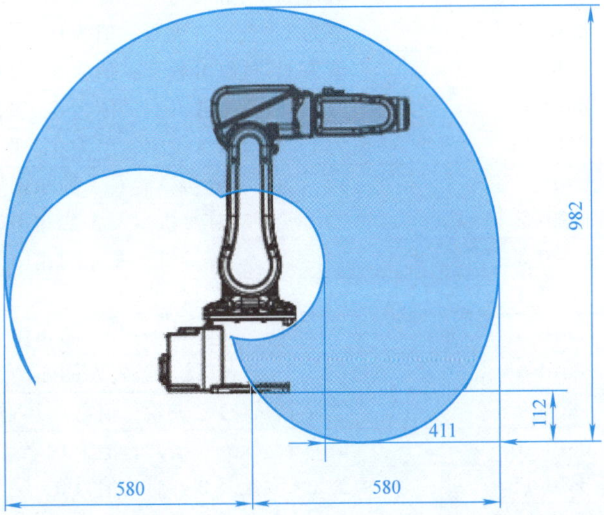

图5-133 ABB IRB 120型工业机器人工作范围（单位：mm）

ABB IRB 120 型工业机器人的参数见表 5-22。

表 5-22　ABB IRB 120 型工业机器人的参数

规格参数			
轴数	6	防护等级	IP30
承载能力	3kg	安装方式	落地式
到达最大距离	0.58m	机器人底座规格	180mm × 180mm
机器人质量	25kg	重复定位精度	0.01mm
运动性能及范围			
轴序号	动作范围	最大速度	
1 轴	回转：+165°　~-165°	250（°）/s	
2 轴	立臂：+110°　~-110°	250（°）/s	
3 轴	横臂：+70°　~-90°	250（°）/s	
4 轴	腕：+160°　~-160°	360（°）/s	
5 轴	腕摆：+120°　~-120°	360（°）/s	
6 轴	腕转：+400°　~-400°	420（°）/s	

本工作站机器人控制柜配置的 I/O 通信模块型号为 DSQC652。I/O 通信模块连接的外围设备包括夹爪和吸盘。数字 I/O 信号定义见表 5-23。

表 5-23　数字 I/O 信号定义表

机器人	信号	功能
机器人 A	do10_1	连接机器人 B 的 di10_1
	do10_2	连接机器人 B 的 di10_2
	do10_3	连接机器人 B 的 di10_3
	do10_4	连接机器人 B 的 di10_4
	do10_5	连接机器人 B 的 di10_5
	do10_6	连接机器人 B 的 di10_6
	do10_9	值为 1，气缸 A 夹紧；值为 0，气缸 A 保持夹紧
	do10_10	值为 1，气缸 A 松开；值为 0，气缸 A 保持松开
	do10_11	值为 1，气缸 B 夹紧；值为 0，气缸 B 保持夹紧
	do10_12	值为 1，气缸 B 松开；值为 0，气缸 B 保持松开
	do10_13	值为 1，吸盘组 A 开启；值为 0，吸盘组 A 保持开启
	do10_14	值为 1，吸盘组 A 关闭；值为 0，吸盘组 A 保持关闭
机器人 B	do10_1	连接机器人 A 的 di10_1
	do10_2	连接机器人 A 的 di10_2
	do10_3	连接机器人 A 的 di10_3
	do10_4	连接机器人 A 的 di10_4
	do10_5	连接机器人 A 的 di10_5
	do10_6	连接机器人 A 的 di10_6
	do10_9	值为 1，气缸 C 夹紧；值为 0，气缸 C 保持夹紧
	do10_10	值为 1，气缸 C 松开；值为 0，气缸 C 保持松开
	do10_11	值为 1，吸盘组 B 开启；值为 0，吸盘组 B 保持开启
	do10_12	值为 1，吸盘组 B 关闭；值为 0，吸盘组 B 保持关闭

2.末端执行器的设计

自动装配机器人的末端执行器主要执行抓取与释放的动作，当一个机器人要完成多种抓取操作时，可以设计成组合夹手。

机器人抓取鼠标放到装配区的动作需要用一个平行于开关的夹手来完成。然后抓取两节电池放到电池槽中，这也用一个平行于开关的夹手来完成，由于电池是圆柱形的，所以手指采用V形设计。这两个操作使用同一类型的气动夹手，因此可以将两种手指设计连接在一起，只需使用一个气动夹手，节省了成本。完成按压电池操作的零件肯定不能使用金属材质，设计采用软质橡胶制作一个橡胶块来按压电池。图 5-134 所示为整合以上功能的专用组合夹手。

3. 料盘的设计

料盘的设计主要考虑零件码放的间距和零件的定位。无线鼠标的 USB 接收器和电池外形规则，分别做一个方形和圆形的槽即可。鼠标盖外形不规则，为保证码放位置一致，采用了四块定位板和一个定位销，如图 5-135 所示，该工作站提供了可以放置八个鼠标的工位。

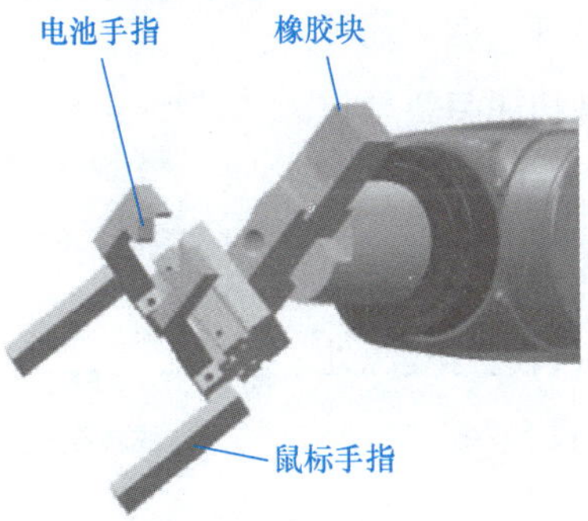

图5-134　专用组合夹手

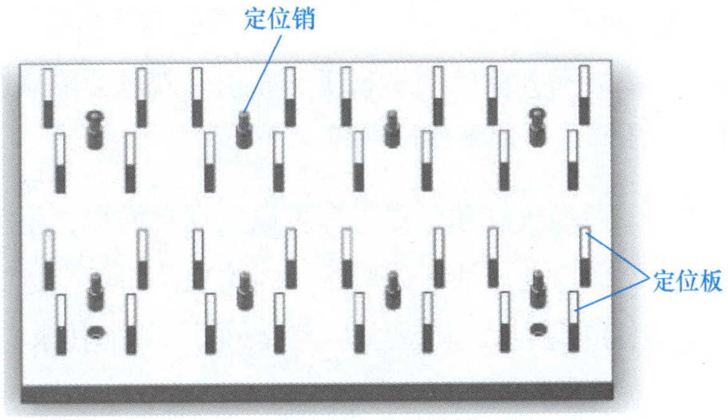

图5-135　料盘

4. 鼠标装配区的设计

鼠标装配区也需要一个定位的零件，其设计可参考鼠标料盘。如图 5-136 所示，为了方便电池装入，鼠标装配区设计出一定的角度，使得电池靠重力作用就能滑入电池槽，再控制机器人把电池按压进电池槽中。

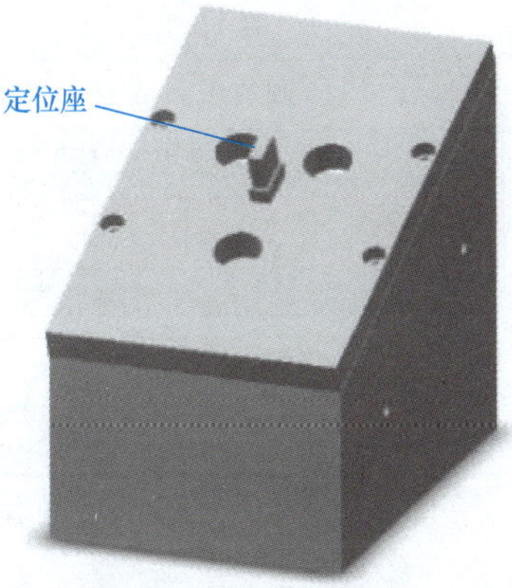

图5-136　鼠标装配区

5. 气源处理元件的选择

常用的气源处理元件有空气过滤器、减压阀、油雾器和油雾分离器。它们的功能如下：

1）空气过滤器用于对气源进行清洁，可过滤压缩空气中的水分，避免水分随气体进入装置。

2）减压阀可对气源进行稳压，使气源处于恒定状态，可减小因气源气压突变对阀门或执行器等硬件的损伤。

3）油雾器可对机体运动部件进行润滑，可以对不方便加润滑油的部件进行润滑，大大延长了机体的使用寿命。

4）油雾分离器能够将压缩空气中的油雾过滤掉。有些场合不能允许压缩空气中存在油雾，需要使用油雾分离器。

以上几种元件可以根据需要进行选择，也可以将它们组合起来使用。

气源处理装置是指空气过滤器、减压阀和油雾器无管连接而成的组件。气源处理装置是多数气动系统中不可缺少的气源装置，安装在用气设备附近，是压缩空气质量的最后保证。气源处理装置的安装顺序依进气方向分别为空气过滤器、减压阀和油雾器。

有些品牌的电磁阀和气缸能够实现无油润滑（靠润滑脂实现润滑功能），便不需要使用油雾器，只需将空气过滤器和减压阀组合在一起。还可以将空气过滤器和减压阀集装在一起，成为过滤减压阀，其功能与空气过滤器和减压阀组合起来使用一样。

目前的新型气缸和电磁阀都可以实现自润滑，不需要使用油雾器。本工作站也不需要使用油雾分离器，因此只使用一个过滤减压阀进行气源处理，如图 5-137 所示，其型号为 AFR2000，具体技术参数见表 5-24。

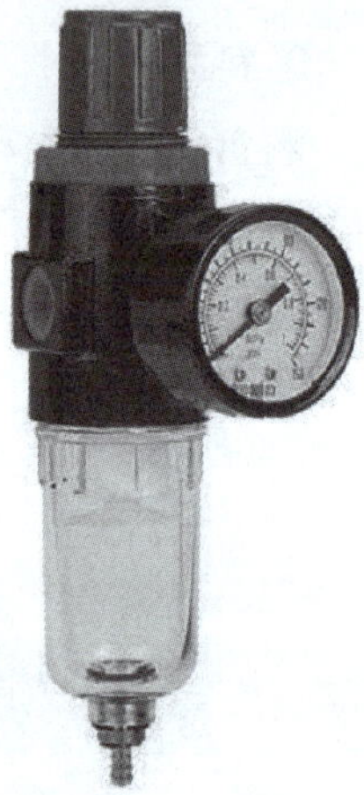

图5-137 AFR2000型过滤减压阀

表 5-24 AFR2000 型过滤减压阀技术参数

参数		内容
使用流体		空气
接管口径		G1/4″
调节压力范围		0.05~0.85MPa
最大可调节压力		0.95MPa
保证耐压力		1.5MPa
使用温度范围		5~60℃
滤水杯容量		60mL
质量		0.40kg
材质	本体	铝合金压铸成形
	容杯	聚乙烯
	保护杯罩	铁

6. 无线鼠标

在自动装配机器人工作站中实现自动装配的鼠标为无线鼠标，如图 5-138 所示，该鼠标有 4 种、共 5 个零件，分别为电池 2 节、USB 接收器、鼠标、鼠标盖。安装顺序为先将鼠标放置在鼠标安装区，然后安装电池，再安装鼠标盖，最后插入 USB 接收器。

图5-138 无线鼠标

5.5.3 自动装配机器人工作站软件方案设计

1. 机器人A示教编程

机器人 A 的具体工作流程如下：

1）等待机器人 B 将未装配的鼠标本体放入鼠标装配区。

2）机器人 A 从电池料盘中抓取一节电池，并装入鼠标。

3）等待机器人 B 装好另一节电池后，机器人 A 抓取鼠标盖，并完成鼠标盖的安装和扣紧。

4）机器人 A 抓取 USB 接收器，等待机器人 B 抓起鼠标并到达指定位置后，机器人 A 装入 USB 接收器并压紧。

5）机器人 A 回到原点，任务完成。

机器人 A 相关的鼠标装配程序运行轨迹如图 5-139~ 图 5-143 所示。

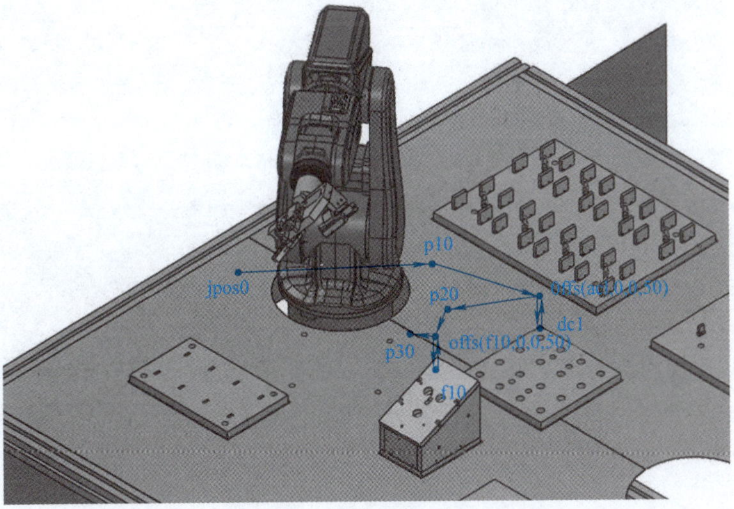

图5-139 取放电池轨迹

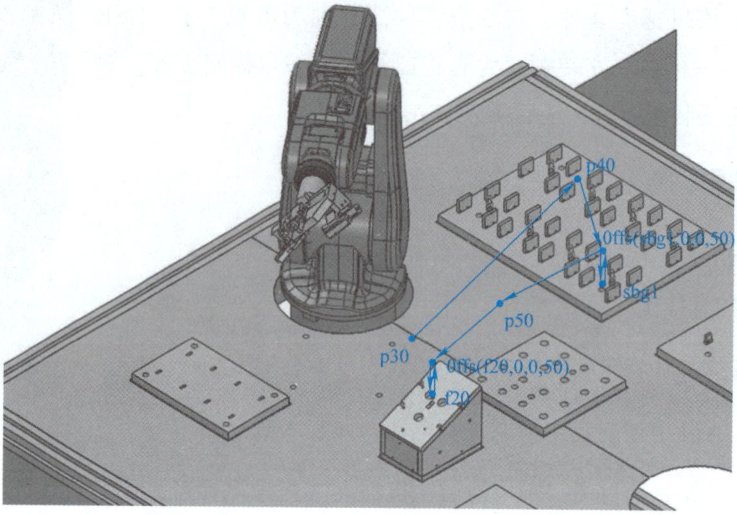

图5-140 取放鼠标盖轨迹

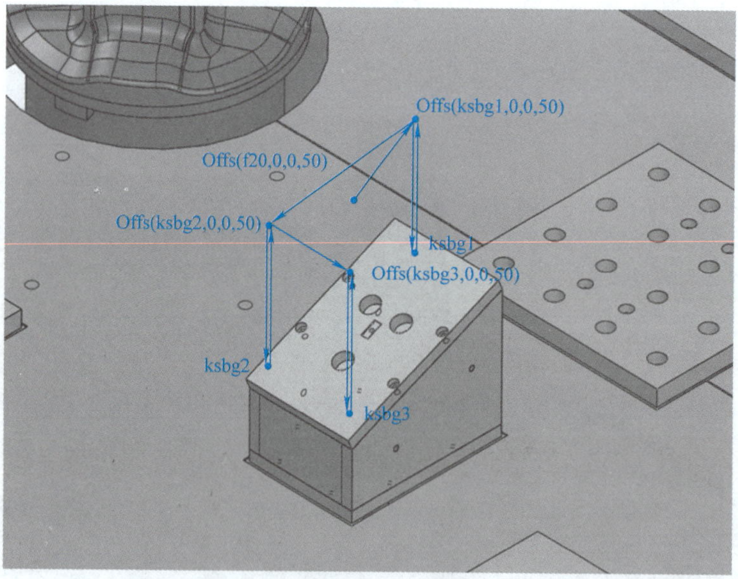

图5-141 扣紧鼠标盖轨迹

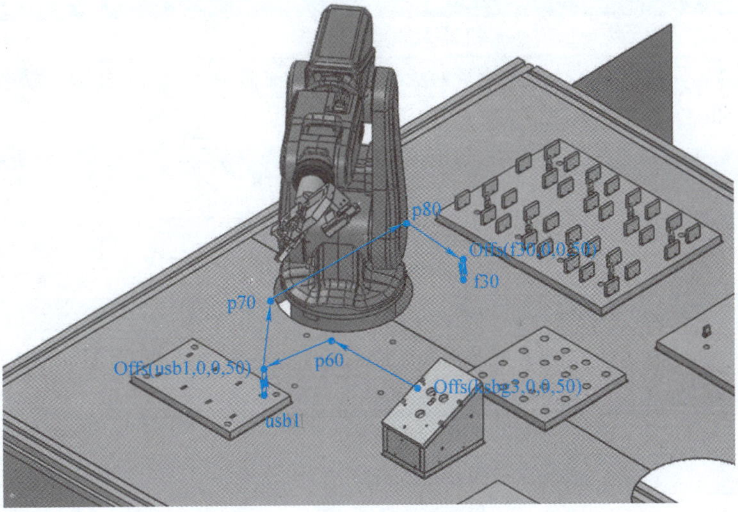

图5-142 取放USB接收器轨迹

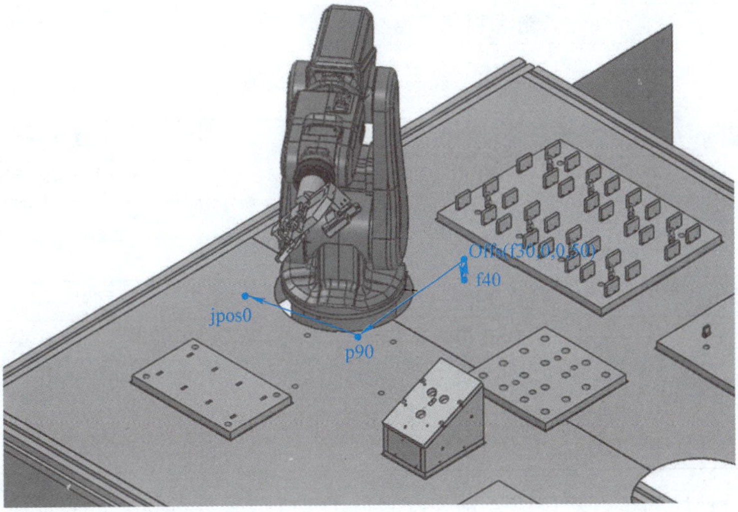

图5-143 返回初始位置轨迹

程序各轨迹点的说明见表 5-25。

表 5-25 机器人 A 程序各轨迹点说明

轨迹点	说明	夹手使用工具动作
jpos0	机器人原点	无
p10	机器人躲避点，避免与机器人 B 碰撞	工具切换至电池夹手
Offs(dc1,0,0,50)	取第一节电池临近点	无
dc1	第一节电池抓取点	电池夹手夹紧
p20	机器人等待点	无
Offs(f10,0,0,50)	放电池临近点	无
f10	电池释放点	电池夹手松开
p30	机器人躲避点	无
p40	吸鼠标盖工位点	工具切换至鼠标盖吸盘
Offs(sbg1,0,0,50)	吸第一个鼠标盖临近点	无
sbg1	第一个鼠标盖吸取点	鼠标盖吸盘吸气
p50	放鼠标盖等待点	无
Offs(f20,0,0,50)	放鼠标盖临近点	无
f20	鼠标盖释放点	鼠标盖吸盘断气
Offs(ksbg1,0,0,50)	扣紧鼠标盖第一卡扣临近点	工具切换至橡胶块
ksbg1	扣紧鼠标盖第一卡扣	无
Offs(ksbg2,0,0,50)	扣紧鼠标盖第二卡扣临近点	无
ksbg2	扣紧鼠标盖第二卡扣	无
Offs(ksbg3,0,0,50)	扣紧鼠标盖第三卡扣临近点	无
ksbg3	扣紧鼠标盖第三卡扣	无
p60	机器人躲避点，躲避与工作台的碰撞	无
Offs(usb1,0,0,50)	取第一个 USB 接收器临近点	工具切换至 USB 夹手
usb1	第一个 USB 接收器抓取点	USB 夹手夹紧
p70	装 USB 接收器等待点	无
p80	机器人躲避点，避免与机器人 B 发生碰撞	无
Offs(f30,0,0,50)	装 USB 接收器临近点	无
f30	USB 接收器装入点	USB 夹手松开
f40	按紧 USB 接收器	USB 夹手夹紧
p90	机器人躲避点，给机器人 B 的后续操作留出空间	无

根据以上设计好的运行轨迹以及预先配置好的 I/O 信号进行轨迹点的示教，并完成机器人 A 的程序编写。

2. 机器人B示教编程

机器人 B 的具体工作流程如下：

1）机器人 B 从鼠标料盘抓取鼠标本体，并放置在鼠标装配区并压紧。

2）机器人 B 从料盘抓取电池，等机器人 A 装入第一节电池后，机器人 B 装入第二节电池并压紧。

3）等待机器人 A 装好鼠标盖后，机器人 B 抓取鼠标，并按照示教姿态移动到指定位置。

4）等待机器人 A 装好 USB 接收器后，机器人 B 将鼠标放入成品料盘。

5）机器人 B 回到原点，任务完成。

机器人 B 的程序运行轨迹如图 5-144~ 图 5-146 所示。

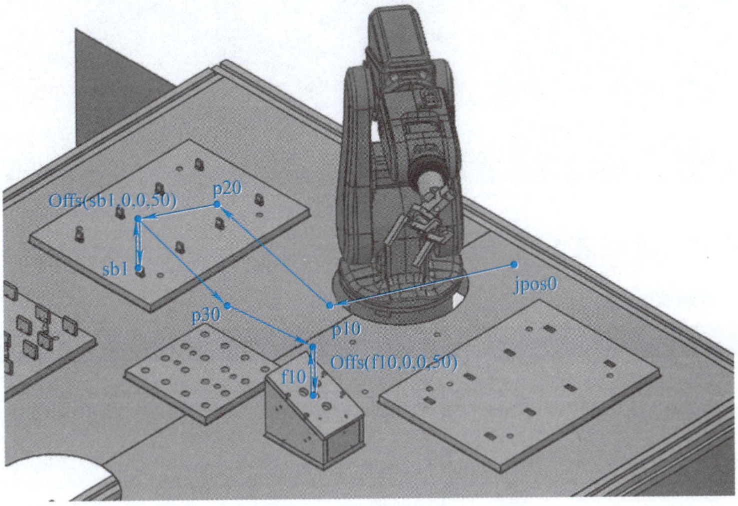

图5-144　取放鼠标轨迹

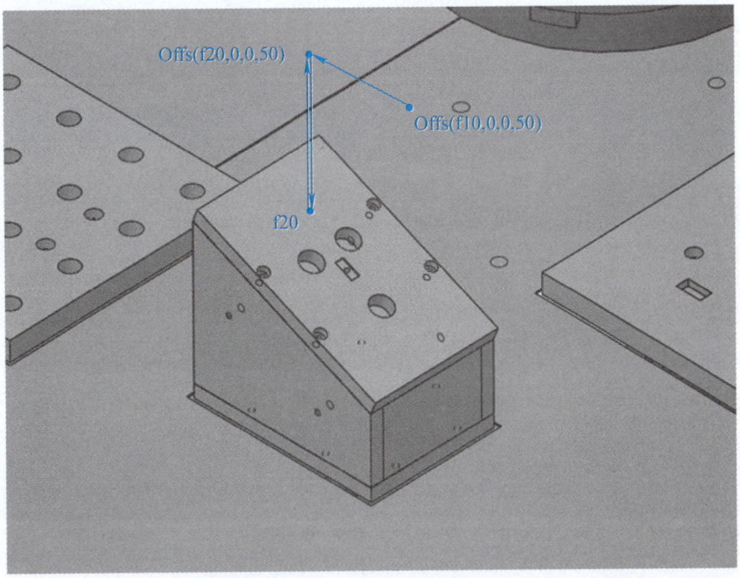

图5-145　扣紧鼠标轨迹

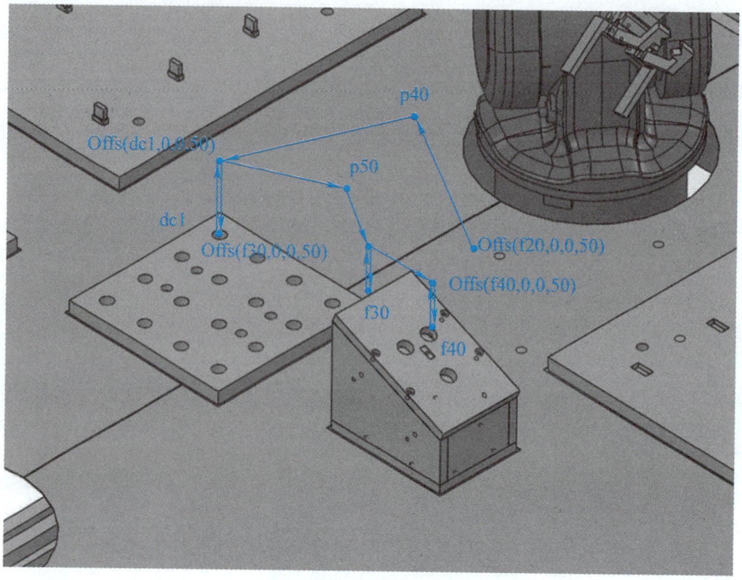

图5-146　取放电池轨迹

程序各轨迹点的说明见表 5-26。

表 5-26　机器人 B 程序各轨迹点说明

轨迹点	说明	夹手使用工具动作
jpos0	机器人原点	无
p10	机器人躲避点，避免与机器人 A 碰撞	工具切换至鼠标夹手
p20	抓鼠标工位点	无
Offs(sb1,0,0,50)	取第一个鼠标临近点	无
sb1	第一个鼠标抓取点	鼠标夹手夹紧
p30	路径中间点	无
Offs(f10,0,0,50)	放鼠标临近点	无
f10	鼠标释放点	鼠标夹手松开
Offs(f20,0,0,50)	扣压鼠标临近点	工具切换至橡胶块
f20	扣压鼠标点	无
p40	机器人躲避点，避免与机器人 A 碰撞	工具切换至电池夹手
Offs(dc1,0,0,50)	取第一节电池临近点	电池夹手夹紧
dc1	第一节电池抓取点	无
p50	机器人躲避点，避免与机器人 A 碰撞	无
Offs(f30,0,0,50)	放电池临近点	无
f30	电池释放点	电池夹手松开
Offs(f40,0,0,50)	扣压电池临近点	工具切换至橡胶块
f40	扣压电池点	无
p60	机器人躲避点，避免与机器人 A 碰撞	无
p70	机器人等待点	无
Offs(f50,0,0,50)	取鼠标临近点	工具切换至鼠标夹手
f50	抓取鼠标点	鼠标夹手夹紧
p80	机器人躲避点，躲避与工作台的碰撞	无
p90	配合机器人 A 将 USB 接收器装入位置	无
p100	机器人躲避点，避免与机器人 A 碰撞	无
p110	机器人躲避点，躲避与工作台的碰撞	无
Offs(f60,0,0,50)	放鼠标成品临近点	无
f60	放鼠标成品点	鼠标夹手松开

根据以上设计好的运行轨迹以及预先配置好的 I/O 信号进行轨迹点的示教，并完成机器人 B 的程序编写。

3.鼠标装配程序联调

轨迹路线示教编程完成后，需要对机器人 A 和机器人 B 进行程序单步调试。通过示教器逐行检查机器人是否按照预定的轨迹移动，若轨迹移动不正确，则将机器人移动至正确位置后修改轨迹点位置即可。

单步调试完成后，对两个机器人进行双机联调，检查两台机器人相互间的信号等待是否正常，如果出错应立即停止程序运行，核对修改机器人间的信号收发情况。调试确认无误后，将两台机器人调至自动运行模式，开始双机自动运行调试，检查机器人自动运行过程中是否存在装配出错的情况，如果存在错误，将机器人调至手动模式重新调试，直至多次反复自动运行程序无错为止。

5.5.4 自动装配机器人工作站系统的安装

自动装配机器人工作站主要包括两台 ABB 机器人、八只无线鼠标和自动装配操作台，如图 5-147 所示。

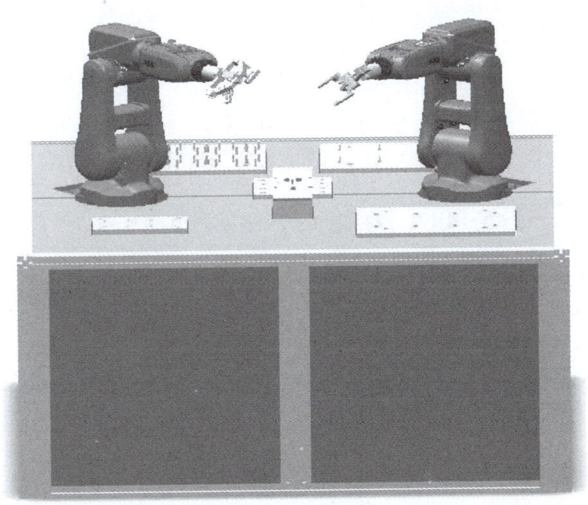

图5-147 自动装配机器人工作站

装配操作台上安装有五种料盘，分别用于码放鼠标、鼠标盖、电池、USB 接收器和成品鼠标，具体的安装位置如图 5-148 所示。

选用的气源处理元件为将减压阀和过滤器集装于一体的过滤减压阀。过滤器排水为人工排水，在过滤器的储液瓶内的水未满前需要定期排水。当储液瓶内的水快要装满时，按下储液瓶底部的凸起（排水阀开关），储液瓶中的水就能排出。调节压力时，在转动旋钮之前须先拉起再旋转，压下旋转旋钮为固定压力。旋钮向右旋转为调高出口压力，向左旋转为调低出口压力。调节压力时应逐步均匀地调至所需压力值，不应一步调节到位。

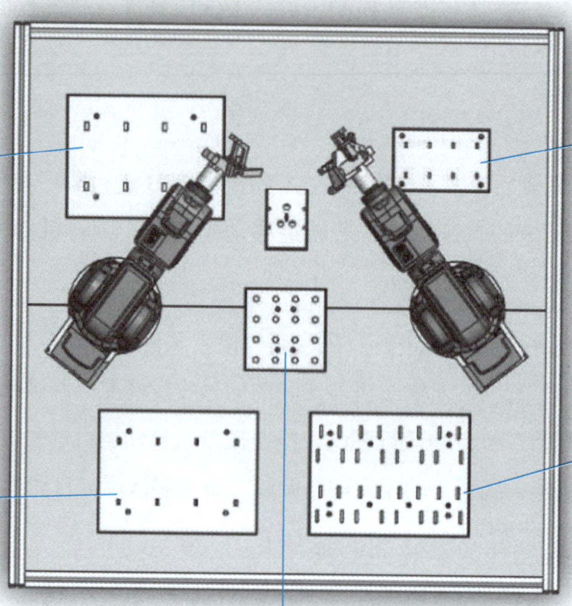

图5-148 装配操作台上各料盘及相应位置

该工作站主要用于教学使用，考虑到合理利用场地、设备结构紧凑等原因，将机器人控制柜以及工作站所需要的电器元件放置于装配操作台上。自动装配机器人工作站系统中各硬件的连接方式如图 5-149 所示。图 5-149 中各部位的名称见表 5-27。

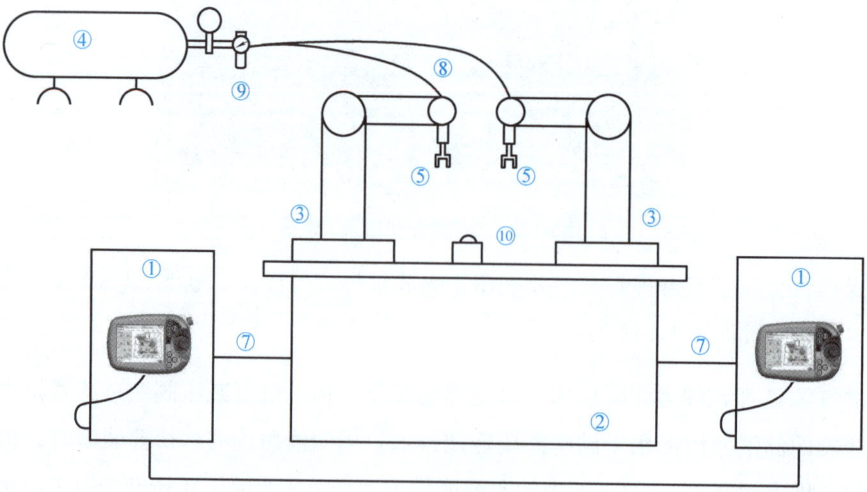

图5-149 自动装配机器人工作站系统安装图

表 5-27 自动装配机器人工作站各部位名称

序号	名称	序号	名称
①	机器人控制柜	⑥	机器人通信线缆
②	装配操作台	⑦	机器人电源电缆
③	机器人本体	⑧	压缩空气管
④	空气压缩机	⑨	气源处理装置
⑤	多功能组合夹手	⑩	鼠标定位装置

5.6 搬运码垛机器人工作站

5.6.1 搬运码垛机器人工作站任务分析

搬运机器人是可以进行自动化搬运作业的工业机器人。搬运作业是指用一种设备握持工件，从一个位置移到另一个位置。码垛机器人是将工件按照预设编程位置整齐堆放的工业机器人。机器人可安装不同的末端执行器以完成各种不同形状和状态的工件搬运码垛工作，大大减轻了人类繁重的体力劳动。与人工搬运码垛操作相比，搬运码垛机器人的操作，不仅改善了劳动环境，更提高了工作效率，提升了工作质量，减少了物料的破损与浪费。

搬运码垛机器人主要有以下优点：

1）结构简单、零部件少。因此零部件的故障率低、性能可靠、保养维护简单。

2）运行平稳、定位精确。根据不同的产品尺寸和码垛形式可以选用不同的抓手方式，提升和降落运动准确平稳。

3）柔性高、适用性强。可实现多形状、不规则物料的搬运码垛。

4）操作简便。操作者无须具备专业的编程知识就可以进行参数、程序的选定和修改等工作。

5）提高生产效率，解放繁重体力劳动，降低制造成本。

本节以华航唯实机器人科技有限公司生产的 A02 型多功能机器人基础培训工作站为例，介绍搬运码垛机器人工作站的硬件选择和程序编程。

5.6.2 搬运码垛机器人工作站硬件方案设计

1. 搬运码垛机器人的选型

使用机器人来完成搬运码垛的工作，不仅要考虑机器人的承载能力，更要考虑机器人的定位精度以及工作范围。这里，工作站选用 ABB IRB 120 型机器人，与其配套的机器人控制柜型号为 IRC5。

ABB IRB 120 型机器人主要用于物流搬运、装配等领域，其主要特点如下：

（1）紧凑轻量　作为 ABB 目前最小的机器人，IRB 120 型机器人在紧凑空间内凝聚了 ABB 产品系列的全部功能与技术。其质量仅为 25kg，结构设计紧凑，几乎可以安装在任何地方，如工作站内部、机械设备上方或生产线上其他机器人的旁边。

（2）用途广泛　ABB IRB 120 型工业机器人广泛用于电子、食品、饮料、制药、医疗、研究等领域，进一步增强了 ABB 新型第四代机器人家族的实力。其最高承载能力为 3kg（五轴垂直向下时为 4kg），工作范围达 580mm。

（3）易于集成　IRB 120 型工业机器人的空气管线与用户信号线缆从底脚至手腕全部嵌入机身内部，易于机器人的集成。

（4）优化工作范围　除工作范围达 580mm 外，IRB 120 型工业机器人还具有一流的工作流程，底座下方拾取距离为 112mm。IRB 120 型工业机器人采用对称结构，第一轴无外凸，回转半径极小，可靠近其他设备安装，纤细的手腕进一步增强了手臂的可达性。它配备了轻型铝合金伺服电动机，结构轻巧，功率强劲，可实现机器人高速度运行，在任何应用中都能确保优异的精准度和敏捷性。

本工作站机器人控制柜配置的 I/O 通信模块型号为 DSQC652。通过与 PLC 之间的相互通信来控制工具和气缸等设备。编程过程中会使用到的 I/O 信号定义见表 5-28。

表 5-28　I/O 信号定义表

信号	功　能
do9	机器人给 PLC 的输出信号。do9 值为 1 时，夹爪夹紧；值为 0 时，夹爪松开
do10	机器人给 PLC 的输出信号。do10 值为 1 时，冲压推料气缸起动；值为 0 时，冲压推料气缸关闭
di9	传送带光电检测到物料块，PLC 给机器人的输入信号
di10	冲压完成光电检测到物料块，PLC 给机器人的输入信号
di11	控制面板上旋转开关旋转到流水线模式，PLC 给机器人的输入信号
di12	控制面板上旋转开关旋转到写字模式，PLC 给机器人的输入信号

2. 末端执行器的选择

末端执行器的设计和选用的主要依据是功能上的要求，应从以下几个方面进行考虑：

（1）被抓握的对象　进行手爪的设计和选用时，首先考虑的是什么样的工件要被抓握。因此，必须充分了解工件的几何形状和机械特性。

（2）物料的馈送器或存储装置　与机器人配合工作的零件馈送器或存储装置对手爪必需的最小和最大爪钳之间的距离以及必需的夹紧力都有要求，同时还应了解其他可能的不确定因素对手爪工作的影响。

（3）手爪和机器人匹配　手爪一般用法兰式机械接口与手腕相连接，手爪自重也增加了机械臂的载荷，这两个问题必须仔细考虑。手爪是可以更换的，手爪形式可以不同，但是它们与手腕的机械接口必须相同，即接口匹配。手爪的质量不能太大，机器人能抓取工件的质量是机器人承载能力减去手爪的质量。手爪的质量要与机器人的承载能力相匹配。

（4）环境条件　作业区域内的环境状况很重要，例如高温、水、油等环境会影响手爪工作。一个锻压机械手要从高温炉内取出红热的锻件坯，必须保证手爪的开合、驱动在高温环境中均能正常工作。

根据以上几方面的考虑，本工作站所选用的末端执行器为气动式二指手爪，如图 5-150 所示。

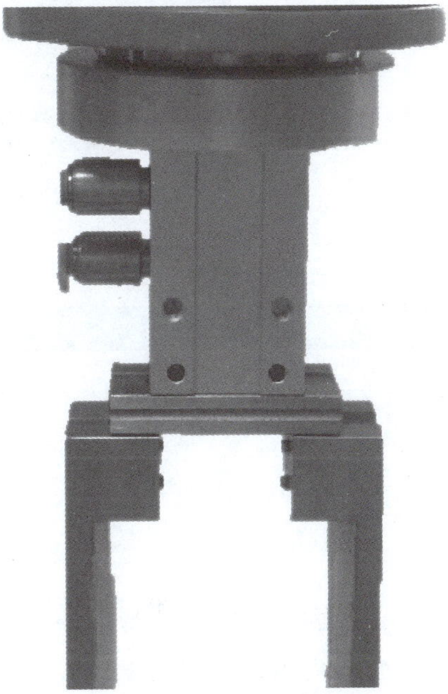

图5-150　气动式二指手爪

该手爪采用气动驱动使手指开合。气动手爪目前得到了广泛应用，它有许多突出的优点：结构简单，成本低，容易维修，开合迅速，重量轻。其缺点是，空气介质的可压缩性造成爪钳位置控制比较复杂。

3. 气压控制单元的选择

气压控制单元选用 AIRTAC 的 GFR200-08 型过滤器。该过滤器由手滑阀、空气过滤元件和调压阀组成，如图 5-151 所示，具体参数见表 5-29。当手滑阀滑到右侧时（正面面对调压阀气压表为方向基准），气路打开，滑到左侧时气路关闭；调压阀调整气压操作需要先将旋钮向上拔起，然后顺时针旋转旋钮降低气压，逆时针旋转升高气压。若旋钮未拔起，则旋转旋钮不能调节气压大小。

图5-151　气压控制单元

表 5-29　过滤器具体参数

参　数	内　容	参　数	内　容
工作介质	空气	保证耐压力	1.5MPa
接管口径	PT1/4	使用温度范围	-5~70℃（未冻结）
滤芯精度	40μm 或 5μm	滤水杯容量	10mL
调压范围	0.05~0.9MPa	质量	220g
最高使用压力	1.0MPa		

4. 搬运码垛模块的选择

搬运码垛模块由两个码垛盘构成，机器人可通过编程将物料块在码垛盘之间搬运，并且能以多种形式堆放，如图 5-152 所示。

图5-152　搬运码垛模块

5. PLC控制单元的选择

多功能教学操作台采用的是西门子 S7-200 CPU ST40 系列的 PLC 控制模块。当进行操作面板控制和机器人控制时，已连接外部 I/O 信号的 K1、K2、K3、K4、K5、K6、K7 和 K8 继电器信号会发生当前模式对应动作，同时 PLC 控制模块也会根据模式输出相应气缸信号、传感器控制信号等。PLC 控制单元如图 5-153 所示。

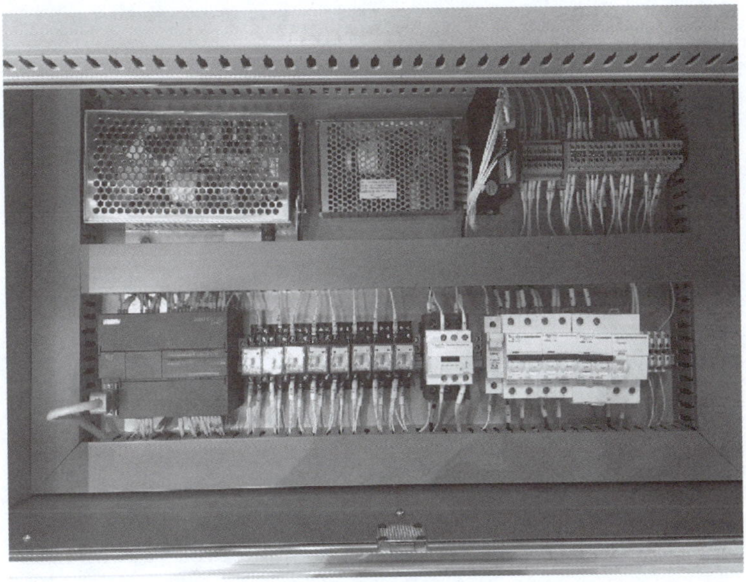

图5-153　PLC控制单元

5.6.3　搬运码垛机器人工作站软件方案设计

在选用的机器人工作站中，以冲压后的成品物料块搬运码垛为任务内容，进行例行程序的编写。首先是工作站中任务轨迹点的规划，如图 5-154 所示。机器人从 p70 点运动到物料的上方，也就是 p80 点上方 100mm 处，等待物料到达的信号 di 10。收到信号后，机器人运行到 p80 点，夹取物料，再抬起到 p80 点上方 100mm 处，然后运行到工件识别装置的上方 p90 点，再向下运动到 p100 点，这个位置要低过检测装置，经过时使物料能够被检测到，然后运行到 p110 点，完成检测过程，再抬起到 p110 点上方 100mm 处，然后运行到码垛盘放置物料位置的上方，也就是 p120 点上方 100mm 处，再下降到 p120 点，打开夹爪，放下成品物料，然后抬起到一个安全点位置，最后返回到初始位置。这就是成品物料码垛搬运的运动轨迹。

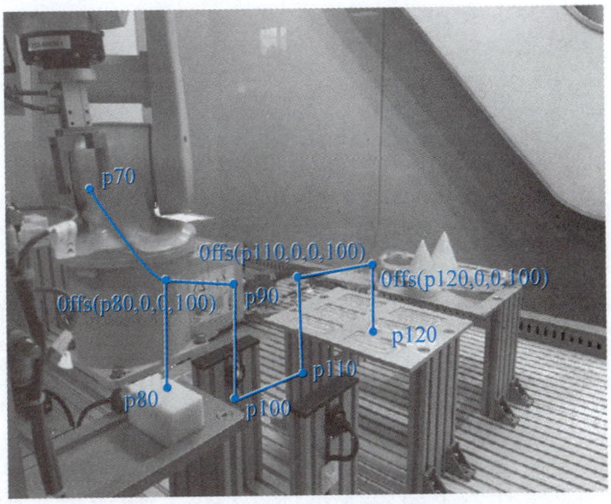

图5-154　轨迹点规划

编写例行程序时，主要用到两个机器人信号的输入和输出，do9 和 di10。其中 do9 是控制机器人末端执行器的夹爪开合信号，di10 为搬运码垛前一步骤，即物料块冲压完成被推送出来的检测信号。具体程序如下：

```
PROC banyumaduo()
  MoveJ offs(p80,0,0,100),v500,fine,zhua\wobj:=wobjm;
  Waitdi di10,1;
  MoveL p80,v500,fine,zhua\wobj:=wobjm;
  Set do9;
  Waitdi di10,1;
  MoveJ offs(p80,0,0,100),v500,fine,zhua\wobj:=wobjm;
  MoveL p90,v500,fine,zhua\wobj:=wobjm;
  MoveL p100,v500,fine,zhua\wobj:=wobjm;
  MoveL p110,v500,fine,zhua\wobj:=wobjm;
  MoveJ offs(p110,0,0,100),v500,fine,zhua\wobj:=wobjm;
  MoveJ offs(p120,0,0,100),v500,fine,zhua\wobj:=wobjm;
  MoveL p120,v500,fine,zhua\wobj:=wobjm;
  Reset do9
  Waitdi di10,1;
  MoveJ offs(p120,0,0,100),v500,fine,zhua\wobj:=wobjm;
```

5.6.4 搬运码垛机器人工作站系统的安装

A02 型基础教学工作站主要由 ABB IRB 120 型工业机器人及其控制柜、PLC 控制系统、空气压缩机及气压控制单元、工作台及物料块等辅助设备组成。具体现场安装布置图如图 5-155 所示。

工作台上机器人本体、料井、输送带、模拟冲压区、物料检测装置和码垛区域的具体安装位置如图 5-156 所示。由于搬运码垛只是该工作站的一部分工作内容，因此只用到冲压区、物料检测区和码垛区三部分来完成搬运码垛的任务。

图5-155 搬运码垛机器人工作站现场布置图

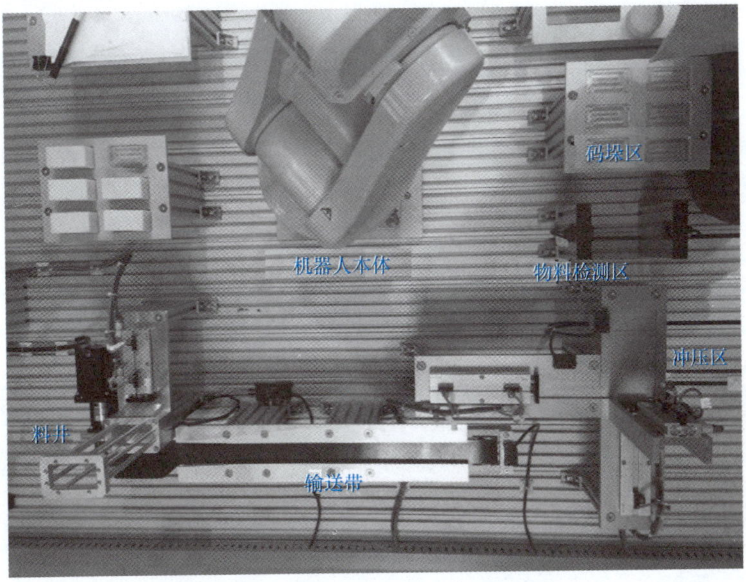

图5-156 工作台桌面硬件位置图

为节省空间，使工作站结构紧凑，工作站中 PLC 控制系统及相关电器元件并未单独设计控制柜，而是集中在工作台下的柜体中，机器人配套的 IRC5 紧凑型控制柜也同样放置在工作台下的柜体中。该工作站中具体的硬件连接方式如图 5-157 所示。图 5-157 中各部位的名称见表 5-30。

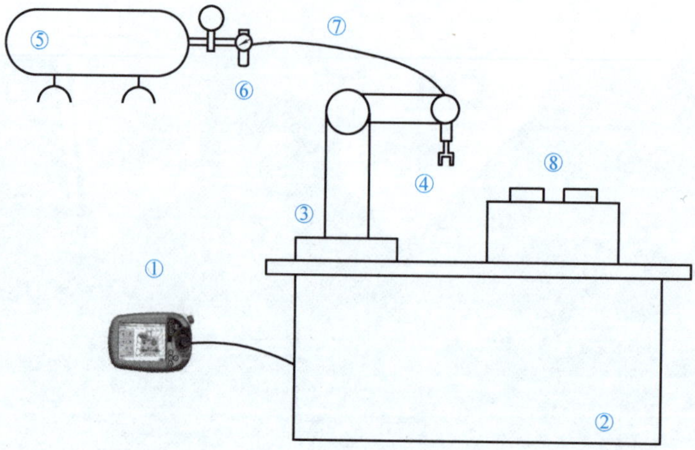

图5-157 搬运码垛机器人工作站系统图

表 5-30 搬运码垛机器人工作站各部位名称

序号	名称	序号	名称
①	机器人示教器	⑤	空气压缩机
②	工作站工作台	⑥	气压控制单元
③	机器人本体	⑦	压缩空气管
④	二指机械手	⑧	码垛盘

参考文献

[1] 汪励，陈小艳 . 工业机器人工作站系统集成 [M]. 北京：机械工业出版社，2014.

[2] 杜志忠，刘伟 . 点焊机器人系统及编程应用 [M]. 北京：机械工业出版社，2015.

[3] 叶晖，管小清 . 工业机器人实操与应用技巧 [M]. 北京：机械工业出版社，2010.